全国电子商务类人才培养系列教材

Photoshop CC
网店美工全能一本通

微课版

李军 张梦帆 / 主编

李宝 李斌斌 刘丰源 / 副主编

U0300136

人民邮电出版社

北京

图书在版编目（CIP）数据

Photoshop CC网店美工全能一本通 : 微课版 / 李军,
张梦帆主编. -- 北京 : 人民邮电出版社, 2022.9（2023.6重印）
全国电子商务类人才培养系列教材
ISBN 978-7-115-59221-7

Ⅰ. ①P… Ⅱ. ①李… ②张… Ⅲ. ①图像处理软件－
高等学校－教材 Ⅳ. ①TP391.413

中国版本图书馆CIP数据核字(2022)第074619号

内 容 提 要

　　本书全面系统地介绍了网店美工设计的相关知识点和基本技巧，包括初识网店美工、商品图片美化处理、商品营销推广图设计、店铺海报设计、商品详情页设计、PC 端店铺首页设计、手机端店铺首页设计、图片的切片与上传、商品发布与装修、PC 端店铺装修、手机端店铺装修、网店视频拍摄与制作等内容。

　　本书以知识讲解结合案例制作为主线进行编写。其中，知识讲解部分能够使读者系统地了解网店美工设计中的各类基础规范，案例制作部分则可以使读者快速掌握网店美工设计的思路并完成案例制作。另外，每章后还设置了"课堂实训""课后习题"模块，以拓展读者对网店美工设计的实际应用能力。

　　本书提供PPT 课件、教学大纲、教学教案、商业实训案例等资源，用书教师可在人邮教育社区免费下载。

　　本书可作为高等院校网店美工相关课程的教材，也可作为网店美工设计相关人员的参考用书。

◆ 主　编　李　军　张梦帆
　　副主编　李　宝　李斌斌　刘丰源
　　责任编辑　孙燕燕
　　责任印制　李　东　周昇亮

◆ 人民邮电出版社出版发行　　北京市丰台区成寿寺路 11 号
　　邮编　100164　电子邮件　315@ptpress.com.cn
　　网址　https://www.ptpress.com.cn
　　临西县阅读时光印刷有限公司印刷

◆ 开本：700×1000　1/16
　　印张：15　　　　　　　　　2022 年 9 月第 1 版
　　字数：303 千字　　　　　　2023 年 6 月河北第 2 次印刷

定价：69.80 元

读者服务热线：(010)81055256　印装质量热线：(010)81055316
反盗版热线：(010)81055315
广告经营许可证：京东市监广登字 20170147 号

前言
PREFACE

随着移动互联网的发展与消费结构的升级，电子商务行业趋向成熟，该行业对于网店美工的岗位能力提出了综合性要求，同时，网店美工的岗位需求量也越来越大。我国很多高等院校的电子商务类、数字艺术类等专业，已经将网店美工列为一门重要的专业课程。党的二十大报告提出，必须坚持科技是第一生产力、人才是第一资源、创新是第一动力，深入实施科教兴国战略、人才强国战略、创新驱动发展战略，开辟发展新领域新赛道，不断塑造发展新动能新优势。为了落实国家发展战略和规划，培养更多符合行业发展新需求的优秀网店美工人才，编者编写了本书。本书根据当前院校的人才培养目标和岗位技能要求，安排教学内容，主要特点如下。

1. 知识系统，结构合理

本书根据网店美工实际从事的工作安排内容，每章均按照"知识点讲解+案例详解+课堂实训及课后习题"的思路进行编排，其中又将课堂实训及课后习题按照"案例分析+设计理念+知识要点"的思路进行组织，力求使读者快速了解案例的设计思路。

2. 案例实用，操作详细

本书在案例设计方面，强调案例的针对性、完整性及实用性。书中案例精选家居装修、数码科技、美妆护肤三大热门行业，设计完整的网店店铺，使读者具备项目式思维能力，符合当下网店美工的真实工作需求。同时，本书将知识讲解与案例操作同步进行，以步骤加配图的方式快速引导读者完成相关操作，降低学习难度。

3. 言简意赅，突出重点

本书在内容编排方面，力求细致全面、重点突出；在文字叙述方面，言简意赅、通俗易懂，便于读者快速掌握知识重点和难点。

4. 配图精美，代表性强

本书在配图选取方面，重视代表性及准确性；甄选符合知识内容的经典项目插图，与文字相辅相成，使读者能够深入理解相关知识，潜移默化地提升读者的审美能力。

5. 资源丰富，助力学习

本书提供书中所有案例的素材及效果文件、PPT课件、教学教案、教学大纲、商业实训案例等资源，用书教师可登录人邮教育社区（www.ryjiaoyu.com）免费下载使用。

本书的参考学时为64学时，各章的参考学时参见下面的学时分配表。

章序	课程内容	学时分配
第1章	初识网店美工	4
第2章	商品图片美化处理	4
第3章	商品营销推广图设计	4
第4章	店铺海报设计	4
第5章	商品详情页设计	8
第6章	PC端店铺首页设计	8
第7章	手机端店铺首页设计	8
第8章	图片的切片与上传	4
第9章	商品发布与装修	4
第10章	PC端店铺装修	4
第11章	手机端店铺装修	4
第12章	网店视频拍摄与制作	8
学时总计		64

本书由李军、张梦帆担任主编，李宝、李斌斌、刘丰源担任副主编。由于编者水平有限，书中难免存在疏漏和不妥之处，敬请广大读者批评指正。

编者

2023年3月

目录
CONTENTS

初识网店美工

随着移动互联网的发展以及消费结构的升级，电子商务行业日趋成熟，同时行业对于网店设计与装修从业人员的要求也发生了变化，因此从事网店设计与装修行业的人员需要系统地学习与更新自己的知识体系。本章将对网店美工的基础知识和网店装修的风格定位、页面构成、设计要点、常用软件以及基本流程进行系统讲解。通过本章的学习，读者可以对网店设计与装修有一个宏观的认识，有助于进行后续的网店设计与装修工作。

学习目标

- 掌握网店美工的基本知识。
- 熟悉网店装修的常用软件。
- 了解网店装修的基本流程。

技能目标

- 了解网店装修的风格定位。
- 掌握网店装修的页面构成。
- 掌握网店装修的设计要点。

1.1 网店美工的基本概述

作为一个专业的网店美工，首先要了解网店美工的基础知识。本节分别从网店美工的基本概念、工作内容和基本技能这三个方面进行讲解，为后续的设计工作奠定良好的基础。

↘ 1.1.1 网店美工的基本概念

网店美工是指对淘宝、天猫商城以及京东商城等电商平台上的网店，进行页面美化工作的专业人员。区别于传统的平面设计师，网店美工不仅需要熟练掌握各种图像处理软件、熟悉网店的页面设计与布局规律，还需要了解商品的特点，准确判断目标消费者的需求，才能提升商品成交转化率。总之，网店美工不仅需要处理商品图片，还需要具备相应的营销思维，并在其中加入自己的创意，是一种"美工设计＋运营推广"的复合型职业。

↘ 1.1.2 网店美工的工作内容

与传统平面美工相比，网店美工的工作内容更复杂，更具有针对性，主要围绕自身服务的网店展开相关工作，下面对网店美工的工作内容进行详细介绍。

1. 拍摄、美化商品

商品拍摄是进行网店开设的第一步，通常需要专业的摄影师完成。但随着摄影器具的普及，网店美工会直接进行商品的拍摄工作。但拍摄出的商品图片通常无法直接使用，需要网店美工对其进一步设计和美化，以保证商品图片呈现比较理想的视觉效果，从而吸引并打动消费者，如图 1-1 所示。

2. 设计、装修网店

除进行图片处理外，网店美工还需要利用电商平台提供的模块完成整个网店的设计与装修工作。为了使店铺呈现出更理想的视觉效果，网店美工还需要在后台模块的基础上对网店页面进行创意设计，如图 1-2 所示。

图 1-1

图 1-2

3. 设计促销活动

电商平台经常举办各种促销活动，需要网店美工能够根据活动主题，完成促销期间店铺首页、商品详情页以及活动页的设计，使消费者充分了解促销活动的内容，从而引导消费者积极地参与促销活动，提升商品销量，如图1-3所示。

4. 运营、推广商品

只有进行积极有效的推广，商家才能够使自己的商品在众多商品中脱颖而出，因此网店美工在商品的运营推广工作中发挥着重要的作用。网店美工需要站在消费者角度，深入挖掘消费者的浏览习惯和消费需求，根据商品促销信息设计主图、直通车图、海报等促销广告，如图1-4所示。

图1-3

图1-4

↘ 1.1.3　网店美工的基本技能

一名优秀的网店美工需要具备以下 4 个方面的基本技能。

（1）图像处理与设计能力：有扎实的设计基础，具备良好的审美和鉴别能力；同时必须熟练掌握 Photoshop、Illustrator 等设计软件的使用，能够很好地实现设计创意。

（2）视频拍摄与编辑能力：能够对商品进行视频拍摄，并熟练掌握 Premiere 等编辑软件的使用，对视频进行剪辑处理。

（3）代码了解与编辑能力：了解基础 HTML 和 CSS 语言，熟练掌握 Dreamweaver 等软件的使用，进行网店布局。

（4）商品策划与推广能力：掌握一定的营销知识，拥有良好的营销思维，从运营、推广、数据分析的角度去思考，激发消费者的购买欲望，提高网店的浏览量与商品转化率。

1.2　网店装修的风格定位

网店设计与装修主要向扁平化、立体化和插画风这 3 种风格发展，3 种风格在视觉表达方面都各有优势。

1. 扁平化

以扁平化为主的网店设计与装修页面通过字体、图形和色彩等不同元素打造出清晰的视觉层次，使页面具有较强的可读性，如图 1-5 所示。

2. 立体化

以立体化为主的网店设计与装修页面通过运用 Cinema 4D 与 Octane Render 搭配进行建模渲染，进而呈现出立体生动的画面效果，如图 1-6 所示。

图 1-5

3. 插画风

以插画风为主的网店设计与装修页面通过运用手绘笔触绘制出各种富有个性化的形象，使页面丰富有趣，如图 1-7 所示。

图 1-6

图 1-7

1.3 网店装修的页面构成

掌握网店装修的页面构成是进行网店设计与装修的重要基础。本节将分别介绍 PC 端和移动端的店铺首页、商品详情页的页面构成，帮助读者掌握网店装修的页面构成规律。

1. 店铺首页的页面构成

在 PC 端中，店铺首页通常由店招、轮播海报、优惠券、分类导航、商品展示和底部信息组成，如图 1-8 所示。在移动端，除了首页的尺寸变化，页面构成与 PC 端几乎相同。店铺可以根据需求，自行选择添加文字标题、店铺热搜、排行榜和逛逛更多等模块，如图 1-9 所示。

扫码观看完整版长图

图 1-8

扫码观看完整版长图

图 1-9

2. 商品详情页的页面构成

在 PC 端，商品详情页通常由主图、左侧区域和详情区域组成，如图 1-10 所示。在移动端，商品详情页除尺寸变化外，页面构成与 PC 端相比减少了左侧区域，如图 1-11 所示。

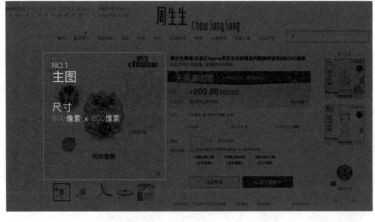

扫码观看完整版长图

图 1-10

扫一扫

扫码观看完整版长图

图 1-11

1.4　网店装修的设计要点

在了解网店美工的相关基础知识后，网店美工还需要掌握网店装修的设计要点，才能实现出色的设计效果。本节分别从基础元素、色彩搭配、文字设计和版式构图这四个方面进行网店装修设计要点的讲解。

1.4.1　基础元素

点、线、面是设计构成中的三大基本元素，网店美工在设计时将三者结合使用，可以制作出丰富的画面效果。

1. 点

点是构成一切形态的基础，是最基本的视觉单位，具有凝聚视觉的作用。点的形状多种多样，整体分为圆点、方点、角点等规则点，以及自由随意、任何形态的不规则点。通过改变点的大小、形状和位置，可以在画面中制作出不同的视觉效果，如图 1-12 所示。

（a）圆点

图 1-12

（b）方点

图1-12（续）

2. 线

线是点移动的轨迹，是一切面的边缘，具有分割画面和处理界限的作用。线可以分为直线和曲线。通过改变线的粗细、形状、长短和角度，可以在画面中制作出不同的视觉效果，如图1-13所示。

（a）直线

（b）曲线

图1-13

3. 面

面是线移动的轨迹，可以分为点型面、线型面和两者结合的面。面的形状多种多样，针对网店设计，常用的形状为方形、三角形和圆形等几何形，以及墨迹、泥点等不规则形状。通过改变面的形状可以在画面中制作出不同的视觉效果，如图1-14所示。

（a）几何形　　　　　　　　　　　　　　（b）偶然形

图 1-14

1.4.2 色彩搭配

网店的色彩可以带给消费者强烈的视觉冲击力，网店美工在设计时，应围绕主色、辅助色和点缀色运用科学的搭配方法，打造出色彩协调、视觉舒适的画面。

1. 色彩搭配基础

网店设计中运用的色彩主要由主色、辅助色和点缀色组成，它们各自承担不同的功能，共同进行色彩搭配。

（1）主色。主色是画面中面积最大、最为醒目的色彩，它决定了整个画面的色调，如图 1-15 所示。在选择主色时，应综合考虑商品风格、消费人群等因素。

（2）辅助色。辅助色是用于衬托主色的颜色，其占用面积仅次于主色。使用辅助色可以使画面色彩更加丰富美观，如图 1-15 所示。

图 1-15

（3）点缀色。点缀色是画面中面积最小但较为醒目的颜色。合理使用点缀色可以起到画龙点睛的作用，如图 1-15 所示。

2. 色彩搭配方法

常用的色彩搭配方法是马赛克提取法。马赛克提取法主要通过置入图片，运用 Photoshop 软件进行"滤镜 - 像素化 - 马赛克"操作，选取合适的颜色，如图 1-16 所示。

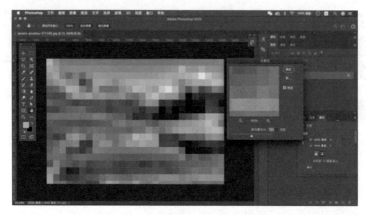

图 1–16

低质量、PSD（Photoshop Document）格式、插画、产品摄影类图片等 4 类图片不建议进行马赛克提取，如图 1-17 所示。

（a）低质量　　　　　　　（b）PSD　　　　　　（c）插画　　　　（d）产品摄影类图片

图 1–17

1.4.3　文字设计

文字是设计中重要的组成部分，与色彩相得益彰。网店美工在进行设计时应选择符合画面风格的字体并调整合适的字号、间距以及行距。下面对文字设计进行详细讲解。

1. 字体与字号

PC 端网店中的最小字号建议为 18 像素，移动端网店中的最小字号建议为 30 像素。

（1）宋体。宋体笔画有粗细变化，通常是横细竖粗，末端有装饰部分，点、撇、捺、钩等笔画有尖端，属于衬线字体（Serif）。宋体字有着纤细优雅、文艺时尚的特点，常用于珠宝首饰、美妆护肤等以女性消费者为主的店铺中，如图 1-18 所示。

（2）黑体。黑体又称方体或等线体，笔画横平竖直，粗细相同，没有衬线装饰。黑体字有方正粗犷、朴素简洁的特点，常用于电子数码和家用电器等店铺中，如图 1-19 所示。

（3）书法体。书法体是指传统书写字体，可分为篆、隶、草、行、楷五大类。书法体有自由多变、苍劲有力的特点，常用于茶酒等需要表达传统古典风格的店铺中，如图 1-20 所示。

图1-18 图1-19

（4）美术体。美术体是指非正常的、特殊的印刷用字体，可以起到美化的效果。美术体有美观醒目、变化丰富的特点，使用范围非常广泛，既可以表现商品促销的内容，又可以营造活泼灵动的氛围，如图1-21所示。

图1-20 图1-21

2. 间距与行距

字体间距建议为字号的1/5以内，行距建议为字号的1/2。

↘ 1.4.4 版式构图

不同的版式构图会带给消费者不同的视觉感受，网店美工在设计时，应使用合理的构图方式构造协调的画面。

1. 左右构图

左右构图是指将画面通过黄金比例进行分割，主体可根据文案放置于画面的左侧或右侧，这种构图极具美学价值，能够表现出和谐与美感，如图1-22所示。

2. 上下构图

上下构图是指将画面通过黄金比例进行分割，主体通常放置于画面的下方，承载视觉点，文字则放置于画面的上方，承载阅读信息，这种构图呈现的视觉效果平衡且稳定，如图1-23所示。

3. 居中构图

居中构图是指将主体放置于画面的中心位置，快速吸引消费者的目光，并表现出稳定、均衡的感觉，如图1-24所示。需要注意的是，在使用该构图方式时，可以小面积加入装饰元素以避免画面呆板。

4. 对角线构图

对角线构图是指将主体置于画面的斜对角位置，这种构图能够更好地呈现主体，表现出立体感和延伸感，如图 1-25 所示。

图 1-22

图 1-23

图 1-24

图 1-25

1.5　网店装修的常用软件

网店装修的常用软件包括视觉设计类、视频编辑类和代码编辑类，如图 1-26 所示。其中，Photoshop 是一款图像处理软件，是网店美工进行商品修图、广告设计和页面设计时的常用软件。Illustrator 是一款图形处理软件，可以与 Photoshop 搭配使用，进行页面中的字体设计与图标设计。CINEMA 4D 是一款 3D 表现软件，该软件能够弥补传统平面视觉呈现的局限性，丰富设计创意的表现形式。Premiere、会声会影和快剪辑是视频编辑软件，用于剪辑网店中的主图视频和详情页广告视频。Dreamweaver 是一款网页代码编辑软件，网店美工在进行后台装修时，可以运用该软件为图片添加跳转链接。

图 1–26

1.6　网店装修的基本流程

网店设计与装修的项目流程可以细分为需求分析、素材收集、视觉设计、审核修改、完稿切图和上传装修 6 个基本步骤。

（1）需求分析。首先针对项目进行相关的需求分析，网店美工通常会通过文案与相关主题明确商品的卖点及消费者群体，初步确定页面风格。

（2）素材收集。根据初步确定的页面风格，进行相关的素材收集以及整理，为后续的视觉设计做准备。

（3）视觉设计。使用 Photoshop、Illustrator、CINEMA 4D 等相关软件，按照之前的分析构思进行视觉方面的整体设计。

（4）审核修改。针对网店的设计项目，通常会使用修图、调色以及合成等方式对画面进行处理，这些设计方式通常需要进行反复调整，以实现理想的画面效果。

（5）完稿切图。在设计稿完成后，需要使用 Photoshop 等相关软件对页面进行切图，并将切图整理好，以便后续上传至素材中心。

（6）上传装修。将完稿后的切图上传至后台的素材中心，进行网店装修，发布后即可进行商品的售卖。

1.7　课堂实训——划分网店首页的页面构成

1. 案例分析

本实训通过划分网店的首页，使读者熟练掌握网店首页的页面构成。

2. 设计理念

在设计过程中，围绕素材中的网店图片进行划分，从而掌握网店首页的页面构成。最终效果参考"云盘 /Ch01/1.7 课堂实训——划分网店首页的页面构成 / 素材"文件夹，如图 1-27 所示。

扫一扫

扫码观看完整版长图

扫一扫

扫码观看完整版长图

图 1-27

3. 知识要点

使用形状工具进行划分，使用横排文字工具进行标注。

1.8 课后习题——思考钻展图片的设计要点

1. 案例分析

本习题要求读者通过思考钻展图片的基础元素，熟练掌握基础元素在网店装修中的应用；通过思考钻展图片的基础色彩，熟练掌握色彩搭配在网店装修中的应用；通过思考钻展图片的字体类型，熟练掌握字体设计在网店装修中的应用；通过思考钻展图片的版式构图，熟练掌握版式构图在网店装修中的应用。

2. 设计理念

在设计过程中，围绕钻展图片的设计要点进行思考，深入理解钻展图片的设计要点。最终效果参考"云盘/Ch01/1.8课后习题——思考钻展图片的设计要点/素材"文件夹，如图1-28所示。

3. 知识要点

通过对钻展图片的设计要点进行思考，提升分析作品的能力。

图1-28

第 2 章

商品图片美化处理

　　商品图片的美化处理是网店美工的首要工作任务，常用的处理方法有裁剪、抠图、修图、调色等。美化后的商品图片能够激发消费者的购买欲望，从而提升销售数量。本章针对商品图片美化处理的裁剪、抠图、修图以及调色等基础知识进行系统讲解，并针对不同情景以及典型行业的商品图片进行设计演练。通过本章的学习，读者可以对商品图片的美化处理有一个系统的认识，并快速掌握商品图片的美化原则和处理方法，为后续设计打下基础。

学习目标

- 熟悉裁剪的处理基础。
- 熟悉抠图的处理基础。
- 熟悉修图的处理基础。
- 熟悉调色的处理基础。

技能目标

- 掌握裁剪图片的方法。
- 掌握抠取图片的方法。
- 掌握修复图片的方法。
- 掌握图片调色的方法。

2.1 裁剪

裁剪是处理商品图片的第一步。通过裁剪处理，可以使商品图片的大小尺寸、视觉中心以及展示状态更加符合网店装修的需求。本节通过系统讲解裁剪的处理基础，帮助网店美工掌握裁剪处理的方法与技巧。

↘ 2.1.1 裁剪的处理基础

裁剪处理即对拍摄出来的商品照片进行尺寸、构图和变形等调整，使照片符合网店装修的需求，如图 2-1 所示。常见的裁剪方法有使用裁剪工具裁剪和使用透视裁剪工具裁剪等。

（a）裁剪前　　　　（b）裁剪后

图 2-1

↘ 2.1.2 裁剪校正角度倾斜的图片

在裁剪校正角度倾斜的图片处理过程中，我们运用裁剪工具对电视柜图片进行了尺寸裁剪和角度调整，使其符合主图的显示效果。最终效果参考"云盘 /Ch02/2.1.2 裁剪校正角度倾斜的图片 / 工程文件 .psd"，如图 2-2 所示，具体操作步骤如下。

图 2-2

微课视频

裁剪校正角度倾斜的图片

（1）按 Ctrl+O 组合键，打开"云盘 > Ch02/2.1.2 裁剪校正角度倾斜的图片 > 素材 > 01.psd"文件。选择"裁剪"工具 ，在属性栏中设置裁剪尺寸为 800 像素 ×800 像素，如图 2-3 所示，在图像窗口生成一个矩形裁剪框，如图 2-4 所示。

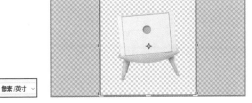

图 2-3

图 2-4

（2）按回车键确定操作，完成对图像的裁剪，效果如图 2-5 所示。在图像窗口中单击鼠标，生成一个矩形裁剪框，如图 2-6 所示。将鼠标指针放在裁剪框右上角的控制手柄外侧，鼠标指针会变为旋转图标↰，单击并按住鼠标左键旋转裁剪框至适当位置，如图 2-7 所示。按回车键确定操作，完成对图像的旋转，效果如图 2-8 所示。裁剪校正角度倾斜的图片制作完成。

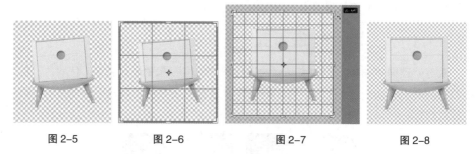

图 2-5　　　　　图 2-6　　　　　　图 2-7　　　　　　图 2-8

↘ 2.1.3　裁剪校正透视变形的商品图片

在裁剪校正透视变形的商品处理过程中，我们运用透视裁剪工具对面膜图片进行透视变形，使其符合主图的显示效果。最终效果参考"云盘 /Ch02/2.1.3 裁剪校正透视变形的商品图片 / 工程文件 .psd"，如图 2-9 所示，具体操作步骤如下。

（1）按 Ctrl+O 组合键，打开"云盘 >Ch02 > 2.1.3 裁剪校正透视变形的商品图片 > 素材 > 01"文件，如图 2-10 所示。

（2）选择"透视裁剪"工具 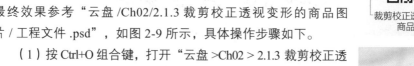，在图像中按住鼠标左键，拖曳生成一个裁切区域。松开鼠标左键，在所需图片周围形成裁剪框，以方便准确裁剪透视图像。按住 Shift 键的同时，分别向中间拖曳裁剪框左上角和右上角的控制节点到适当位置，使网格与所需调整图形相对平行，如图 2-11 所示。按回车键确定操作，完成对图像的裁剪校正。

图 2-9

（3）选择"裁剪"工具 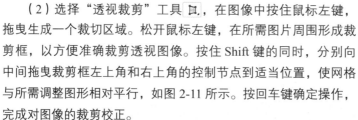，在属性栏中设置裁剪尺寸为 800 像素 ×800 像素，在图像窗口中生成一个矩形裁剪框，如图 2-12 所示。按回车键确定操作，完成对图像的裁剪，效果如图 2-13 所示。裁剪校正透视变形的商品图片制作完成。

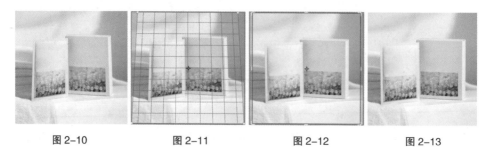

图 2-10　　　　　图 2-11　　　　　　图 2-12　　　　　　图 2-13

2.2　抠图

抠图是处理商品照片的一项常见操作，以便进行后期的图片合成与设计。抠图的方法非常丰富，应根据拍摄照片的不同情况来选取合适的抠图方法。本节通过系统讲解抠图的处理基础，帮助网店美工掌握抠图处理的方法与技巧。

↘2.2.1　抠图的处理基础

抠图处理即将照片中的商品图片选中并从背景中进行分离，以便进行后期的图像合成与设计，如图 2-14 所示。常见抠图方法有魔棒工具抠图、多边形套索工具抠图和钢笔工具抠图等。

（a）抠图前　　　（b）抠图后

图 2-14

↘2.2.2　抠取单色背景图片

在抠取单色背景图片处理过程中，我们运用魔棒工具对蓝牙音响图片进行抠图，使其符合主图的显示效果。最终效果参考"云盘 /Ch02/2.2.2 抠取单色背景图片 / 工程文件 .psd"，如图 2-15 所示，其具体操作步骤如下。

（1）按 Ctrl+O 组合键，打开云盘中的"Ch02 > 2.2.2 抠取单色背景图片 > 素材 > 01"文件。

（2）选择"魔棒"工具 ，将属性栏中的"容差"文本框中的数值设置为 20，如图 2-16 所示。在图像灰色背景区域单击鼠标，建立选区，如图 2-17 所示。

图 2-15

图 2-16

图 2-17

（3）按 Shift+Ctrl+I 组合键，将选区反向选择，如图 2-18 所示。按 Ctrl+C 组合键，复制选区中的图像。按 Ctrl+N 组合键，弹出"新建文档"对话框，设置宽度为 800 像素，高度为 800 像素，分辨率为 72 像素 / 英寸，颜色模式为 RGB，背景内容为透明，单击"创建"按钮，新建一个文件。

（4）在新建的图像窗口中，按 Ctrl+V 组合键，粘贴复制的图像，效果如图 2-19 所示。抠取单色背景图片制作完成。

图 2-18　　　　　　　　图 2-19

↘ 2.2.3　抠取规则商品图片

在抠取规则商品图片处理过程中，我们运用多边形套索工具对爽肤水图片进行抠图，使其符合主图的显示效果。最终效果参考"云盘 /Ch02/2.2.3 抠取规则商品图片 / 工程文件 .psd"，如图 2-20 所示，具体操作步骤如下。

图 2-20

（1）按 Ctrl+O 组合键，打开云盘中的"Ch02 > 2.2.3 抠取规则商品图片 > 素材 > 01"文件，如图 2-21 所示。

（2）选择"多边形套索"工具，沿图像边缘绘制选区，如图 2-22 所示。

（3）按 Ctrl+C 组合键，复制选区中的图像。按 Ctrl+N 组合键，弹出"新建文档"对话框，设置宽度为 800 像素，高度为 800 像素，分辨率为 72 像素 / 英寸，颜色模式为 RGB，背景内容为透明，单击"创建"按钮，新建一个文件。

（4）在新建的图像窗口中，按 Ctrl+V 组合键，粘贴复制的图像，效果如图 2-23 所示。抠取规则商品图片制作完成。

图 2-21　　　　　　　图 2-22　　　　　　　图 2-23

↘ 2.2.4 精细抠取商品图片

精细抠取商品图片

在精细抠取商品图片处理过程中，我们运用钢笔工具对沙发图片进行抠图，使其符合主图的显示效果。最终效果参考"云盘 / Ch02/2.2.4 精细抠取商品图片 / 工程文件 .psd"，如图 2-24 所示，具体操作步骤如下。

（1）按 Ctrl+O 组合键，打开云盘中的"Ch02 > 2.2.4 精细抠取商品图片 > 素材 > 01"文件。

（2）选择"钢笔"工具 ，将属性栏中的"选择工具模式"选项设为"路径"，在沙发边缘单击鼠标，生成锚点。继续沿沙发边缘绘制闭合路径，如图 2-25 所示。

图 2-24

（3）按 Ctrl+Enter 组合键，将路径转换为选区，如图 2-26 所示。按 Ctrl+C 组合键，复制选区中的图像。按 Ctrl+N 组合键，弹出"新建文档"对话框，设置宽度为 800 像素，高度为 800 像素，分辨率为 72 像素 / 英寸，颜色模式为 RGB，背景内容为透明，单击"创建"按钮，新建一个文件。

（4）在新建的图像窗口中，按 Ctrl+V 组合键，粘贴复制的图像并调整大小，效果如图 2-27 所示。精细抠取商品图片制作完成。

图 2-25

图 2-26

图 2-27

↘ 2.2.5 抠取半透明的商品图片

在抠取半透明的商品图片处理过程中，我们运用通道面板对化妆水图片进行抠图，使其符合主图的显示效果。最终效果参考"云盘 /Ch02/2.2.5 抠取半透明的商品图片 / 工程文件 .psd"，如图 2-28 所示，具体操作步骤如下。

（1）按 Ctrl+O 组合键，打开云盘中的"Ch02 > 2.2.5 抠取半透明的商品图片 > 素材 > 01"文件，如图 2-29 所示。

抠取半透明的商品图片

图 2-28

（2）选择"通道"控制面板，选择图像对比度效果最强的"蓝"通道，将"蓝"通道拖曳到控制面板下方的"创建新通道"按钮 上进行复制，生成"蓝 拷贝"通道，如图 2-30 所示。按 Ctrl+I 组合键，对"蓝 拷贝"通道进行反向操作，效果如图 2-31 所示。

图 2-29 　　　　　图 2-30 　　　　　图 2-31

（3）将前景色设置为白色。选择"画笔"工具 ，在属性栏中单击画笔选项右侧的按钮 ，弹出画笔选择面板，选择需要的画笔形状，如图 2-32 所示。在图像窗口中拖曳鼠标涂抹化妆水图像，按 [键和] 键调整画笔大小，涂抹出的效果如图 2-33 所示。

图 2-32 　　　　　　图 2-33

（4）选择"魔棒"工具 ，在属性栏中勾选"连续"复选框，在图像白色化妆水区域单击鼠标左键建立选区，如图 2-34 所示。选中"RGB"通道，如图 2-35 所示，图像效果如图 2-36 所示，返回"图层"控制面板。

（5）按 Ctrl+C 组合键，复制选区中的图像。按 Ctrl+N 组合键，弹出"新建文档"对话框，设置宽度为 800 像素，高度为 800 像素，分辨率为 72 像素 / 英寸，颜色模式为 RGB，背景内容为透明，单击"创建"按钮，新建一个文件。

（6）在新建的图像窗口中，按 Ctrl+V 组合键粘贴复制的图像，效果如图 2-37 所示。抠取半透明的商品制作完成。

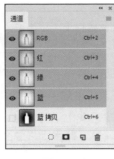

图 2-34 　　　　　图 2-35 　　　　　图 2-36 　　　　　图 2-37

2.3　修图

修图是用于清除商品瑕疵、突出商品细节的操作。经过修图的商品在同类商品中拥有更好的竞争力，提升消费者的购买欲望。下面通过系统讲解修图的处理基础，帮助网店美工掌握修图处理的方法与技巧。

2.3.1　修图的处理基础

修图处理即对照片中商品的瑕疵和水印进行清除，令商品细节的呈现更加精美，如图 2-38 所示。常见的修图方法有污点修复画笔工具修复和仿制图章工具修复等。

（a）修图前　　　　　　　（b）修图后

图 2-38

2.3.2　去除多余水印

微课视频

去除多余水印

在去除多余水印的处理过程中，我们运用污点修复画笔工具为 VR 眼镜图片去除水印，使其符合主图的显示效果。最终效果参考"云盘 /Ch02/2.3.2 去除多余水印 / 工程文件 .psd"，如图 2-39 所示，具体操作步骤如下。

（1）按 Ctrl+O 组合键，打开云盘中的"Ch02 > 2.3.2 去除多余水印 > 素材 > 01"文件。

（2）选择"污点修复画笔"工具，在属性栏中进行如下设置，如图 2-40 所示。

图 2-39

图 2-40

（3）在图像中需要修复的位置进行涂抹，如图 2-41 所示。使用相同的方法修复其他部分水印，效果如图 2-42 所示。去除多余水印制作完成。

图 2-41　　　　　　图 2-42

↘2.3.3 修复图片瑕疵

微课视频

修复图片瑕疵

在修复图像瑕疵处理过程中，我们运用仿制图章工具对面霜图片进行修复，使其符合主图的显示效果。最终效果参考"云盘 / Ch02/2.3.3 修复图片瑕疵 / 工程文件 .psd"，如图 2-43 所示，具体操作步骤如下。

（1）按 Ctrl+O 组合键，打开云盘中的"Ch02 > 2.3.3 修复图片瑕疵 > 素材 > 01"文件，如图 2-44 所示。

（2）选择"仿制图章"工具 ，将仿制图章工具放在图像中需要取样的位置，按住 Alt 键，鼠标指针由仿制图章图标变为圆形十字图标 ，如图 2-45 所示，单击鼠标左键确定取样点，松开鼠标左键，在合适的位置单击并按住鼠标左键，拖曳鼠标复制出取样点及其周围的图像，效果如图 2-46 所示。使用相同的方法修复其他部分，效果如图 2-47 所示。修复图片瑕疵制作完成。

图 2-43

图 2-44

图 2-45

图 2-46

图 2-47

↘2.3.4 修复模糊图片

微课视频

修复模糊图片

在修复模糊图片的处理过程中，我们运用锐化工具对桌子图片进行修复，使其符合主图的显示效果。最终效果参考"云盘 / Ch02/2.3.4 修复模糊图片 / 工程文件 .psd"，如图 2-48 所示，具体操作步骤如下。

图 2-48

（1）按 Ctrl+O 组合键，打开云盘中的"Ch02 > 2.3.4 修复模糊图片 > 素材 > 01"

文件，如图 2-49 所示。

（2）选择"锐化"工具 △，在属性栏中进行如下设置，如图 2-50 所示。在图像窗口中按住鼠标左键，拖曳鼠标可使图像产生锐化效果，效果如图 2-51 所示。修复模糊图片制作完成。

图 2-49　　　　　　　　　图 2-50　　　　　　　　　图 2-51

2.4　调色

调色是使商品图片更加明亮鲜艳的关键操作。经过调色处理的商品图片能够更好地突出商品质感，提升消费者的购买欲望。下面通过系统讲解调色的处理基础，帮助网店美工掌握调色处理的方法与技巧。

2.4.1　调色的处理基础

调色处理即对由于环境光线、相机曝光或白平衡等参数设置因素，造成影调不理想或存在偏色的照片进行颜色调整，如图 2-52 所示。常见的调色方法有调整曲线、调整可选颜色、调整色相 / 饱和度和锐化等。

（a）调色前　　　　　　（b）调色后

图 2-52

2.4.2　调整曝光过度的商品图片

在调整曝光过度的商品图片处理过程中，我们运用"曲线"命令对室内家居图片进行调整，使其符合主图的显示效果。最终效果参考"云盘 /Ch02/2.4.2 调整曝光过度的商品图片 / 工程文件 .psd"，如图 2-53 所示，具体操作步骤如下。

微课视频

调整曝光过度的商品图片

（1）按 Ctrl+O 组合键，打开云盘中的"Ch02 > 2.4.2 调整曝光过度的商品图片 >
素材 > 01"文件，如图 2-54 所示。

（2）单击"图层"控制面板下方的"创建新的填充或调整图层"按钮 ●，在弹出
的菜单中选择"曲线"命令，在"图层"控制面板中生成"曲线 1"图层，同时弹出"曲
线"面板，在曲线上单击鼠标，添加控制点并进行设置，如图 2-55 所示，效果如图 2-56
所示。调整曝光过度的商品图片制作完成。

图 2-53   图 2-54   图 2-55   图 2-56

2.4.3 调整偏色的商品图片

在调整偏色的商品图片处理过程中，我们运用"可选颜色"
命令对耳机图片进行调整，使其符合主图的显示效果。最终效果
参考"云盘 /Ch02/2.4.3 调整偏色的商品图片 / 工程文件 .psd"，
如图 2-57 所示，具体操作步骤如下。

微课视频

调整偏色的商品图片

图 2-57

（1）按 Ctrl+O 组合键，打开云盘中的"Ch02 > 2.4.3 调整偏色的商品图片 > 素
材 > 01"文件，如图 2-58 所示。

（2）单击"图层"控制面板下方的"创建新的填充或调整图层"按钮 ●，在弹出
的菜单中选择"可选颜色"命令，在"图层"控制面板中生成"选取颜色 1"图层，

同时弹出"可选颜色"面板，设置如图 2-59 所示，效果如图 2-60 所示。调整偏色的商品图片制作完成。

图 2-58 图 2-59 图 2-60

↘2.4.4 加强商品图片的色彩

微课视频

加强商品图片的色彩

在加强商品图片的色彩处理过程中，我们运用"色相 / 饱和度"命令对化妆品图片进行调整，使其符合主图的显示效果。最终效果参考"云盘 /Ch02/2.4.4 加强商品图片的色彩 / 工程文件 .psd"，如图 2-61 所示，具体操作步骤如下。

（1）按 Ctrl+O 组合键，打开云盘中的"Ch02 > 2.4.4 加强商品图片的色彩 > 素材 > 01"文件，如图 2-62 所示。

（2）单击"图层"控制面板下方的"创建新的填充或调整图层"按钮 ◢，在弹出的菜单中选择"色相 / 饱和度"命令，在"图层"控制面板中生成"色相 / 饱和度 1"图层，同时弹出"色相 / 饱和度"面板，设置如图 2-63 所示，效果如图 2-64 所示。加强商品图片的色彩制作完成。

图 2-61 图 2-62 图 2-63 图 2-64

2.5 课堂实训——抠取复杂的商品图片

1. 案例分析

本实训通过抠取靠背椅图片，明确复杂商品图片的抠图要点与制作方法。

2. 设计理念

微课视频

抠取复杂的商品图片

在设计过程中，围绕主体物靠背椅进行抠图，使其符合主图的显示效果。最终效果参考"云盘 /Ch02/2.5 课堂实训——抠取复杂的商品图片 / 工程文件 .psd"，如图 2-65 所示。

3. 知识要点

使用钢笔工具抠取靠背椅轮廓，使用魔棒工具抠除细节部分。

图 2-65

2.6 课后习题——增强商品图片的色彩鲜艳度

1. 案例分析

本习题通过增强鼠标图片的色彩鲜艳度，明确商品图片的调色要点与制作方法。

2. 设计理念

微课视频

增强商品图片的色彩鲜艳度

在设计过程中，围绕主体物鼠标进行调色，使其符合主图的显示效果。最终效果参考"云盘 /Ch02/2.6 课后习题——增强商品图片的色彩鲜艳度 / 工程文件 .psd"，如图 2-66 所示。

3. 知识要点

使用曲线命令和色相 / 饱和度命令为鼠标图片加强色彩鲜艳度。

图 2-66

第3章　商品营销推广图设计

　　商品营销推广图设计是网店美工需要完成的重要工作任务，通常包括主图、直通车图和钻展图的设计。精心设计的商品营销推广图，能够提升商品点击率、促进转化率。本章针对商品营销推广图的主图设计、直通车图设计和钻展图设计等基础知识进行系统讲解，并针对流行风格及典型行业的网店营销推广图进行设计演练。通过本章的学习，读者可以对商品营销推广图片的设计有一个系统的认识，并快速掌握商品营销推广图的设计规范和制作方法，为店铺海报设计打下基础。

学习目标

- 熟悉主图的设计规则。
- 掌握直通车图的设计规则。
- 掌握钻展图的设计规则。

技能目标

- 掌握设计主图的方法。
- 掌握设计直通车图的方法。
- 掌握设计钻展图的方法。

3.1 主图设计

主图是消费者了解店铺商品的首要信息。作为传递商品信息的核心，主图需要具有较强的吸引力，才能促使消费者点击浏览，因此主图视觉效果能够在很大程度上影响点击率。下面分别从主图的基本概念、设计尺寸、文字层级和背景设计四个方面进行讲解，并通过实操帮助读者掌握主图的设计方法。

↘ 3.1.1 主图的基本概念

主图即商品的展示图，用于体现商品特色。商品主图最多可以有 5 张，最少必须有 1 张。这些主图通常展示于详情页，而第一张主图还会展示于搜索页，因此需要重点设计，如图 3-1 所示。

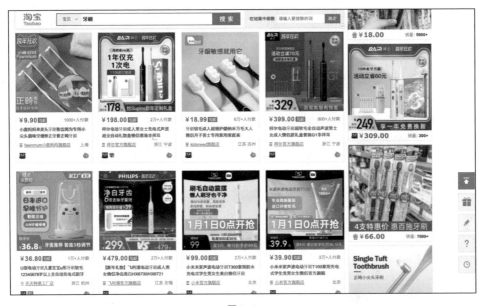

图 3-1

↘ 3.1.2 主图的设计尺寸

主图的设计尺寸分为两种，一种是正方形主图，尺寸为 800 像素 ×800 像素，另一种是配合主图视频方便移动端观看的竖图，尺寸为 750 像素 ×1000 像素，如图 3-2 所示。另外，主图的大小必须控制在 500KB 以内。

（a）正主图　　　　（b）竖图

图 3-2

↘ 3.1.3　主图的文字层级

网店美工在进行主图设计时，需要明确文字层级，通常会进行 3 种层级的设计，如图 3-3 所示。第一层体现品牌形象，品牌形象通常会以网店 Logo 的形式体现，既可以加深消费者印象又可以防止盗图。第二层提炼商品卖点，商品卖点主要体现商品优势，可以是商品的款式、功能和材质的优势，也可以是商品的价格优势，从而直接打动消费者。第三层展示销售活动，销售活动主要以"限时抢购"等促销文案给予消费者"不买就错过"的紧迫感，设计时要尽量简短、有力、清晰。

↘ 3.1.4　主图的背景设计

主图的背景通常以图片场景和纯色背景为主，图片场景大部分使用的是生活类场景，可以使消费者产生代入感，如图 3-4 所示。纯色背景通常使用干净的颜色，不建议使用大量饱和度高的颜色，以起到烘托商品的作用，如图 3-5 所示。

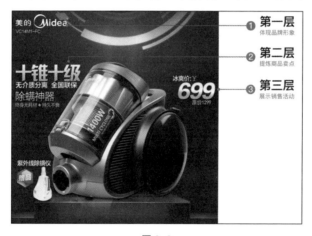

图 3-3

图 3-4

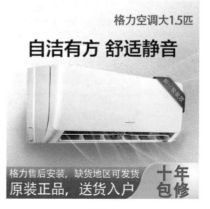

图 3-5

↘3.1.5 科技布沙发主图设计

在设计制作科技布沙发主图过程中，我们围绕主体物科技布沙发进行创意。背景为室内场景图，凸显产品主题。色彩选取深绿色和淡黄色，分别体现环保和舒适感受，字体选用黑体呼应主题。最终效果参考"云盘/Ch03/3.1.5 科技布沙发主图设计/工程文件.psd"，如图 3-6 所示，具体操作步骤如下。

（1）按 Ctrl+N 组合键，弹出"新建文档"对话框，设置宽度为 800 像素，高度为 800 像素，分辨率为 72 像素/英寸，颜色模式为 RGB，背景内容为白色，单击"创建"按钮，新建一个文件。

（2）选择"文件 > 置入嵌入对象"命令，弹出"置入嵌入的对象"对话框，分别选择云盘中的"Ch03 > 3.15 科技布沙发主图设计 > 素材 > 01 ～ 03"文件，单击"置入"按钮，将图片置入图像窗口中。将"01"

图 3-6

"02"和"03"图像分别拖曳到适当的位置，按回车键确定操作，效果如图 3-7 所示。在"图层"控制面板中生成新的图层，分别将其命名为"底图""沙发"和"装饰"，如图 3-8 所示。

（3）选中"底图"图层，单击"图层"控制面板下方的"创建新图层"按钮 🗐，生成新的图层并将其命名为"投影 1"。选择"钢笔"工具 🖊，在属性栏的"选择工具模式"选项中选择"路径"，在图像窗口中单击鼠标，绘制路径，如图 3-9 所示。按 Ctrl+Enter 组合键，将路径转换为选区，如图 3-10 所示。

图 3-7

图 3-8

（4）按 Shift+F6 组合键，弹出"羽化选区"对话框，设置"羽化半径"为 4 像素。将前景色设置为黑色，按 Alt+Delete 组合键，用前景色填充选区，按 Ctrl+D 组合键，取消选区，效果如图 3-11 所示。

图 3-9

图 3-10

图 3-11

（5）单击"图层"控制面板下方的"添加图层样式"按钮 *fx*，在弹出的菜单中选择"渐变叠加"命令，弹出"渐变叠加"对话框，单击"渐变"选项右侧的"点按可编辑渐变"按钮 ▇▇▇▇，弹出"渐变编辑器"对话框，在"位置"选项中分别输入 19、94 两个位置点，分别设置两个位置点颜色的 RGB 值为 19（0、0、0）、94（130、129、129），如图 3-12 所示，单击"确定"按钮。返回"渐变叠加"对话框，其他选项的设置如图 3-13 所示，单击"确定"按钮。

图 3-12

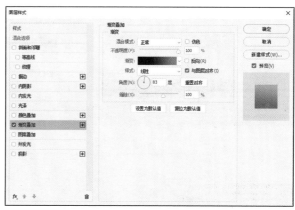
图 3-13

（6）在"图层"控制面板上方设置"不透明度"选项为 50%，效果如图 3-14 所示。使用相同的方法制作其他投影，效果如图 3-15 所示。按住 Shift 键的同时，单击"投影 1"图层，同时选取需要的图层。按 Ctrl+G 组合键，群组图层并将其命名为"投影"。

图 3-14　　　　　　　　　图 3-15

（7）选中"装饰"图层。选择"矩形"工具 ▢，在属性栏的"选择工具模式"选项中选择"形状"，将"填充"颜色设置为黑色，"描边"颜色设置为无。在图像窗口中的适当位置绘制矩形，如图 3-16 所示，在"图层"控制面板中生成新的形状图层"矩形 1"。

（8）单击"图层"控制面板下方的"添加图层样式"按钮 *fx*，在弹出的菜单中选择"渐变叠加"命令，弹出"渐变叠加"对话框，单击"渐变"选项右侧的"点按可编辑渐变"按钮 ，弹出"渐变编辑器"对话框，在"位置"选项中分别输入 0、100 两个位置点，分别设置两个位置点颜色的 RGB 值为 0（15、121、131）、100（119、176、196），如图 3-17 所示，单击"确定"按钮。返回"渐变叠加"对话框，其他选项的设置如图 3-18 所示，单击"确定"按钮。

图 3-16　　　　　　　　　　　　　　　　　图 3-17

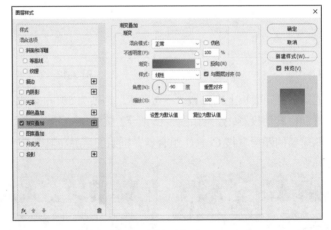

图 3-18

（9）选择"圆角矩形"工具 ，在图像窗口中绘制一个圆角矩形，在"属性"面板中设置"圆角半径"选项，如图 3-19 所示，效果如图 3-20 所示，在"图层"控制面板中生成新的形状图层"圆角矩形 2"。选择"直接选择"工具 ，单击鼠标选取需要的锚点，将其分别拖曳到适当的位置，效果如图 3-21 所示。

（10）选择"矩形"工具 ，单击"路径操作"按钮 ，在弹出的菜单中选择"合并形状"选项，在适当的位置绘制一个矩形，效果如图 3-22 所示，按回车键确定操作。

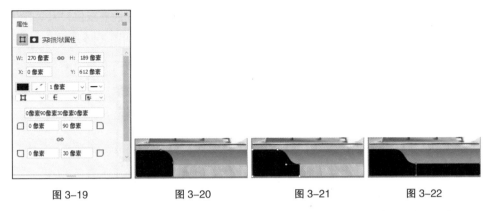

图 3-19　　　　图 3-20　　　　图 3-21　　　　图 3-22

（11）使用上述方法为图形添加渐变效果，如图 3-23 所示。选择"横排文字"工具 **T**，在适当的位置分别输入需要的文字并选取文字。选择"窗口 > 字符"命令，打开"字符"面板，将"颜色"设为深绿色（15、121、131）和淡黄色（253、219、151），并分别设置合适的字体和字号，效果如图 3-24 所示，在"图层"控制面板中分别生成新的文字图层。科技布沙发主图制作完成。

图 3-23　　　　　　　　　　　图 3-24

3.2 直通车图设计

直通车是帮助商家实现商品精准推广的有效方式。通过直通车推广，商品可以被推送给潜在消费者，从而产生巨大的商品点击率，进而提升成交转换率。直通车图的视觉效果在很大程度上影响着店铺的关注度和商品的点击率。本节分别从直通车图的基本概念、设计尺寸、文字内容及特殊手法 4 个方面进行讲解，帮助读者掌握直通车图的设计方法。

↘ 3.2.1　直通车图的基本概念

直通车是淘宝的一种付费推广方式。与主图不同的是，直通车图需要商家付费购买图片展示位置，以实现产品的推广。直通车展位通常是指搜索页和消费者必经的其他高关注、高流量的位置。

（1）搜索页直通车展位。包括提示有"掌柜热卖"的 1 ～ 3 个展示位、右侧的 16 个竖向展示位和底部的 5 个横向展示位，如图 3-25 所示。

（2）消费者必经的其他高关注、高流量直通车展位。包括位于首页下方的"猜我喜欢"展示位、"我的淘宝"页面中的"购物车"下方展示位、"我的淘宝"页面中

"已买到的宝贝"下方的"热卖单品"展示位、收藏夹页面底部的展示位和阿里旺旺PC 端的"每日掌柜热卖"展示位，其中"热卖单品"的展示位如图 3-26 所示。

图 3-25

图 3-26

3.2.2　直通车图的设计尺寸

直通车图的设计尺寸分为两种：一种是常规直通车图，尺寸为 800 像素 ×800 像素，如图 3-27 所示；另一种是方便移动端查看的竖图，尺寸为 750 像素 ×1000 像素，如图 3-28 所示。

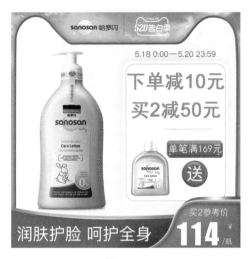

图 3-27

图 3-28

3.2.3　直通车图的文字内容

在进行直通车图设计时，为了提高点击率，需要对文字内容进行提炼设计。例如，低价商品需要强调商品的价格和活动，如图 3-29 所示；中高端商品需要强调商品的品质、销量及效果，如图 3-30 所示；大牌商品则需要强调商品自身的品牌形象，如图 3-31 所示。

图 3-29

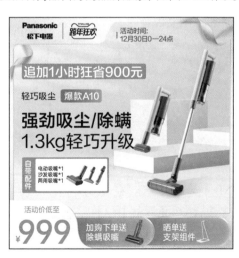

图 3-30

图 3-31

↘ 3.2.4　直通车图的特殊手法

直通车图虽然是商家通过付费进行推广，但大量商品之间仍然存在强烈的竞争。网店美工可以通过一些特殊手法使设计的直通车图在众多图片中脱颖而出。例如，运用独特的商品拍摄、直接夸张的文案和精美的商品搭配等方法使直通车图快速吸引消费者。需要注意的是，若商品本身的款式吸引力足够强，则只需要少量文字和简单的背景来凸显商品的品质感，吸引消费者，如图 3-32 所示。

图 3-32

↘ 3.2.5　居家大衣橱直通车图设计

在设计制作居家大衣橱直通车图的过程中，我们围绕主体物——衣橱进行创意。背景为室内场景图，以凸显商品主题。色彩选取玫红色、黄色和蓝色，分别体现时尚、温馨和美观，字体

微课视频

居家大衣橱直通车图设计

选用黑体呼应主题。最终效果参考"云盘/Ch03/3.2.5居家大衣橱直通车图设计/工程文件.psd",如图3-33所示,具体操作步骤如下。

图3-33

（1）按Ctrl+N组合键,弹出"新建文档"对话框,设置宽度为800像素,高度为800像素,分辨率为72像素/英寸,颜色模式为RGB,背景内容为白色,单击"创建"按钮,新建一个文件。

（2）选择"文件 > 置入嵌入对象"命令,弹出"置入嵌入的对象"对话框,分别选择云盘中的"Ch03 > 3.2.5居家大衣橱直通车图设计 > 素材 > 01 ～ 03"文件,单击"置入"按钮,分别将图片置入图像窗口中。将"01""02"和"03"图像分别拖曳到适当的位置,按回车键确定操作,效果如图3-34所示,在"图层"控制面板中生成新的图层并分别将其命名为"底图""衣橱"和"logo",如图3-35所示。

（3）选择"矩形"工具 □,在属性栏的"选择工具模式"选项中选择"形状",将"填充"颜色设置为玫红色（251、11、65）,"描边"颜色设置为无。在图像窗口中绘制一个与页面大小相等的矩形,如图3-36所示,在"图层"控制面板中生成新的形状图层"矩形 1"。

图3-34

图3-35

图3-36

（4）选择"圆角矩形"工具 □,在属性栏中设置"圆角半径"选项为8像素,单击"路径操作"按钮 □,在弹出的菜单中选择"排除重叠形状"选项,在适当的位置绘制一个圆角矩形,按回车键确定操作,效果如图3-37所示。使用相同的方法再次绘制一个矩形,如图3-38所示,在"图层"控制面板中生成新的形状图层"矩形 2"。

（5）选择"横排文字"工具 T,在适当的位置输入需要的文字并选取文字。选择"窗口 > 字符"命令,打开"字符"面板,将"颜色"设置为白色,并设置合适的字体和字号,效果如图3-39所示,在"图层"控制面板中生成新的文字图层。使用相同的方法分别绘制形状并输入文字,制作出如图3-40所示的效果,在"图层"控制面板中分别生成新的图层。

图 3-37　　　　　　　　　　图 3-38

图 3-39　　　　　　　　　　　　图 3-40

（6）选择"圆角矩形"工具 □，在属性栏的"选择工具模式"选项中选择"形状"，将"填充"颜色设置为橘黄色（255、156、0），"描边"颜色设置为无。在图像窗口中绘制一个圆角矩形，在"图层"控制面板中生成新的形状图层"圆角矩形 1"。在"属性"面板中设置"圆角半径"选项，如图 3-41 所示，按回车键确定操作，效果如图 3-42 所示。

图 3-41　　　　　　　　　　图 3-42

（7）单击"图层"控制面板下方的"添加图层样式"按钮 fx，在弹出的菜单中选择"渐变叠加"命令，弹出"渐变叠加"对话框，单击"渐变"选项右侧的"点按可编辑渐变"按钮 ，弹出"渐变编辑器"对话框，在"位置"选项中分别输入 0、100 两个位置点，分别设置两个位置点颜色的 RGB 值为 0（247、38、9）、100（255、99、5），如图 3-43 所示，单击"确定"按钮。返回"渐变叠加"对话框，其他选项的设置如图 3-44 所示，单击"确定"按钮，效果如图 3-45 所示。

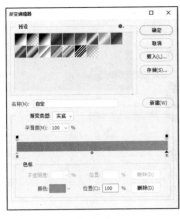

图 3-43   图 3-44

（8）使用相同的方法分别绘制圆形、输入文字，并添加渐变效果，效果如图 3-46 所示，在"图层"控制面板中生成新的图层。

（9）选中"抢"文字图层，按 Ctrl+T 组合键，在形状周围出现变换框，将指针放在变换框的控制手柄外侧，指针变为旋转图标↻，拖曳鼠标将文字旋转到适当的角度，按回车键确定操作。按 Alt+Ctrl+G 组合键，创建剪贴蒙版，效果如图 3-47 所示。

（10）使用上述的方法绘制形状、输入文字并添加渐变效果，在"图层"控制面板中生成新的图层，效果如图 3-48 所示。居家大衣橱直通车图制作完成。

图 3-45   图 3-46   图 3-47   图 3-48

3.3 钻展图设计

钻展图是可以为商家实现店铺曝光及商品推广的有效营销工具。钻展图需要依靠较强的图片创意，才能促使消费者点击跳转，因此钻展图的视觉效果在很大程度上影响着店铺的曝光度。本节分别从钻展图的基本概念、设计尺寸、推广内容和设计技巧 4 个方面进行讲解，帮助读者掌握钻展图的设计方法。

↘3.3.1 钻展图的基本概念

钻展图即钻石展位图，是一种强有力的营销方式。与直通车图相似，需要商家付费购买图片展示位置，以进行商品、活动甚至是品牌的推广，吸引消费者注意。钻展图通常位于电商平台首页的醒目位置，如图 3-49 所示。

图 3-49

↘ 3.3.2　钻展图的设计尺寸

由于投放位置不同，导致钻展图尺寸各异。钻展图的常见设计尺寸主要有以下 3 类。

（1）首页焦点钻展图。这类钻展图位于淘宝首页上方，是整个淘宝首页的视觉中心。其尺寸为 520 像素 ×280 像素，由于尺寸较大，能够更好地展示商品与文案，因此价格昂贵，如图 3-50 所示。

（2）首页二焦点钻展图。这类钻展图位于淘宝首页焦点钻展图右下角，是首页一屏的黄金位置。其尺寸为 160 像素 ×200 像素，由于尺寸较小，因此主要展示商品，文案要精简，如图 3-51 所示。

图 3-50

图 3-51

（3）首页通栏钻展图。这类钻展图位于淘宝首页"有好货"的下方，是首页的重要位置。其尺寸为 375 像素 ×130 像素，尺寸和价格适中，性价比合理，设计时需要图文结合，如图 3-52 所示。

图 3-52

3.3.3 钻展图的推广内容

进行钻展图设计时，为了提高点击率，需要首先确定推广内容，再根据内容进行图片和文案的设计。钻展图的推广内容通常分为以下 3 种。

（1）推广单品：其图片素材多选择单品，文案以商品卖点和折扣促销信息为重点，如图 3-53 所示。

（2）推广活动或店铺：其图片素材多选择商品的组合形式或店铺，文案以折扣促销信息为重点，如图 3-54 所示。

（3）推广品牌：其图片多选择与品牌相关的素材，文案要弱化促销，强化品牌，如图 3-55 所示。

图 3-53

图 3-54

图 3-55

↘ 3.3.4 钻展图的设计技巧

钻展图虽然是商家通过付费进行推广，但商品之间仍然存在强烈的竞争，网店美工可以通过一些特殊手法使设计的钻展图更加引人注目。

（1）直接运用商品图作为背景，简洁醒目，快速吸引消费者，如图 3-56 所示。

（2）将文字和商品图进行适当角度的倾斜，使整个画面更富有张力，如图 3-57 所示。

图 3-56

图 3-57

↘ 3.3.5 家居产品网店钻展图设计

在设计制作家居产品网店钻展图的过程中，我们围绕主体物沙发进行创意。背景为渐变色，简洁明了。色彩选取深棕色、玫红色和深绿色分别体现高级、典雅和质感。字体选用宋体和黑体呼应主题。最终效果参考"云盘 /Ch03/3.3.5 家居产品网店钻展图设计 / 工程文件 .psd"，如图 3-58 所示，具体操作步骤如下。

微课视频

家居产品网店钻展图设计

图 3-58

（1）按 Ctrl+N 组合键，弹出"新建文档"对话框，设置宽度为 520 像素，高度为 280 像素，分辨率为 72 像素 / 英寸，颜色模式为 RGB，背景内容为白色，单击"创建"按钮，新建一个文件。

（2）单击"图层"控制面板下方的"创建新图层"按钮，生成新的图层并将其命名为"图层 1"。将前景色设置为黑色，按 Alt+Delete 组合键，使用前景色填充图层。

（3）单击"图层"控制面板下方的"添加图层样式"按钮 *fx*，在弹出的菜单中选择"渐变叠加"命令，弹出"渐变叠加"对话框，单击"渐变"选项右侧的"点按可编辑渐变"按钮 ，弹出"渐变编辑器"对话框，在"位置"选项中分别输入 0、100 两个位置点，分别设置两个位置点颜色的 RGB 值为 0（223、241、253）、100（150、182、186），如图 3-59 所示，单击"确定"按钮。返回"渐变叠加"对话框，其他选项的设置如图 3-60 所示，单击"确定"按钮，效果如图 3-61 所示。

图 3-59

图 3-60

图 3-61

（4）选择"文件 > 置入嵌入对象"命令，弹出"置入嵌入的对象"对话框，选择云盘中的"Ch03 > 3.3.5 家居产品网店钻展图设计 > 素材 > 01"文件，单击"置入"按钮，将图片置入图像窗口中。将"01"图片拖曳到适当的位置，按回车键确定操作，如图 3-62 所示，在"图层"控制面板中生成新的图层并将其命名为"沙发"。

（5）单击"图层"控制面板下方的"创建新的填充或调整图层"按钮 ，在弹出的菜单中选择"色相 / 饱和度"命令，在"图层"控制面板中生成"色相 / 饱和度 1"图层，同时弹出"色相 / 饱和度"面板，单击"此调整影响下面的所有图层"按钮 使其显示为"此调整剪切到此图层"按钮 ，其他选项设置如图 3-63 所示，按回车键确定操作。单击"图层"控制面板下方的"创建新的填充或调整图层"按钮 ，在弹出的菜单中选择"亮度 / 对比度"命令，在"图层"控制面板中生成"亮度 / 对比度 1"图层，同时弹出"亮度 / 对比度"面板，单击"此调整影响下面的所有图层"按钮 使其显示为"此调整剪切到此图层"按钮 ，其他选项设置如图 3-64 所示，按回车键确定操作。图像效果如图 3-65 所示。

图 3-62

图 3-63

图 3-64

图 3-65

（6）使用相同的方法置入"02"文件，效果如图 3-66 所示，在"图层"控制面板中生成新的图层并将其命名为"标签"。

（7）选择"横排文字"工具 T.，在适当的位置输入需要的文字并选取文字。选择"窗口 > 字符"命令，打开"字符"面板，将"颜色"设置为深棕色（62、34、23），并设置合适的字体和字号，效果如图 3-67 所示，在"图层"控制面板中生成新的文字图层。使用相同的方法置入"03"文件并输入需要的文字，效果如图 3-68 所示，在"图层"控制面板中分别生成新的图层。

图 3-66

图 3-67

图 3-68

（8）选择"椭圆"工具 ○，在属性栏的"选择工具模式"选项中选择"形状"，将"填充"颜色设置为深棕色（62、34、23），"描边"颜色设置为无，按住 Shift 键的同时，在图像窗口中绘制一个圆形，效果如图 3-69 所示，在"图层"控制面板中生成新的形状图层"椭圆 1"。选择"移动"工具 ⊕，按住 Alt+Shift 组合键的同时，水平向右拖曳形状到适当的位置，复制圆形，效果如图 3-70 所示，在"图层"控制面板中生成新的形状图层"椭圆 1 拷贝"。

（9）使用相同的方法分别绘制形状并输入文字，效果如图 3-71 所示，在"图层"控制面板中分别生成新的图层。

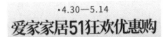

图 3-69 　　　　　　　　　　图 3-70 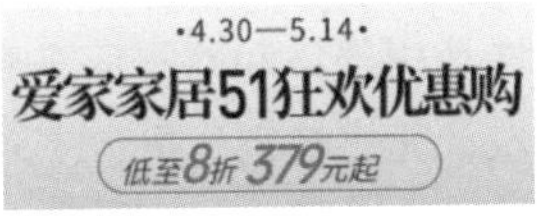　　　　　　　　　　图 3-71

（10）分别选中"8"和"379"文字图层，单击"图层"控制面板下方的"添加图层样式"按钮 fx，在弹出的菜单中选择"投影"命令，弹出"投影"对话框，设置"投影"颜色为墨绿色（50、79、74），其他选项的设置如图 3-72 所示。单击"确定"按钮，效果如图 3-73 所示。使用相同的方法分别绘制形状并置入图标，效果如图 3-74 所示，在"图层"控制面板中分别生成新的图层。家居产品网店钻展图制作完成。

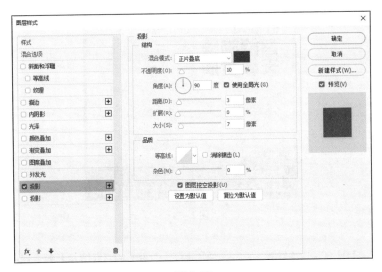

图 3-72

图 3-73 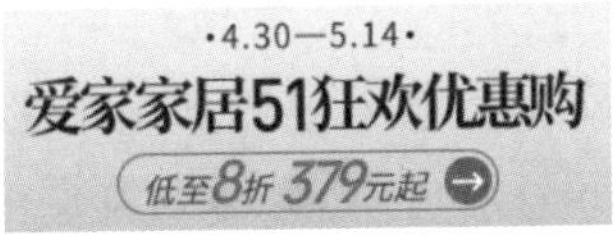　　　　　　　　　图 3-74

3.4 课堂实训——入耳式耳机直通车图设计

1. 案例分析

本实训通过设计入耳式耳机直通车图，明确当下耳机产品行业直通车图的设计风格并帮助读者掌握直通车图的设计要点与制作方法。

微课视频

入耳式耳机直通车图
设计

2. 设计理念

在设计过程中，围绕主体物入耳式耳机进行创意。背景为纯色，简单直接地凸显主体。色彩选取蓝色、灰色和浅黄色分别体现高端、简洁和质感。字体选用黑体起到呼应主题的作用。采用黄金比例分割的左右构图表现和谐美感。整体设计充满特色，契合主题。最终效果参考"云盘 /Ch03/3.4 课堂实训——入耳式耳机直通车图设计 / 工程文件 .psd"，如图 3-75 所示。

3. 知识要点

使用"置入嵌入对象"命令置入图像，使用矩形工具和圆角矩形工具绘制形状，使用"创建剪贴蒙版"命令调整图片显示区域，使用横排文字工具输入文字内容，使用"亮度 / 对比度"命令为图像调色，使用"渐变叠加"命令和"投影"命令为图片添加效果。

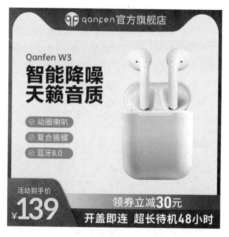

图 3-75

3.5 课后习题——美妆护肤面膜钻展图设计

1. 案例分析

本习题通过设计美妆护肤面膜钻展图，明确当下美妆产品行业钻展图的设计风格并帮助读者掌握钻展图的设计要点与制作方法。

微课视频

美妆护肤面膜钻展图
设计

2．设计理念

在设计过程中，围绕主体物面膜进行创意。背景为图片，增添整体画面的氛围感。色彩选取深蓝色和浅蓝色分别体现清爽和自然的观感。字体选用黑体起到了呼应主题的作用。采用黄金比例分割的左右构图表现和谐美感。整体设计充满特色，契合主题。最终效果参看"云盘/Ch03/3.5 课后习题——美妆护肤面膜钻展图设计/工程文件.psd"，如图 3-76 所示。

3．知识要点

使用 "置入嵌入对象"命令置入图像，使用矩形工具、圆角矩形工具和直线工具绘制形状，使用横排文字工具输入文字内容，使用"亮度/对比度"命令和"色彩平衡"命令为图像调色，使用"渐变叠加"命令和"投影"命令为图片添加效果。

图 3-76

第 4 章

店铺海报设计

店铺海报是网店美工设计任务中的重要内容,较营销推广图而言,店铺海报的效果更为醒目、震撼,通过精心设计的店铺海报能够使消费者快速了解店铺的活动信息和促销信息。本章针对店铺海报的基本概念、设计尺寸及设计形式等基础知识进行系统讲解,并针对流行风格及典型行业的店铺海报进行设计演练。通过本章的学习,读者可以对店铺海报的设计有一个系统的认识,并快速掌握店铺海报的设计规范和制作方法,为后续的店铺首页设计打下基础。

学习目标

- 熟悉店铺海报的基本概念。
- 掌握店铺海报的设计尺寸。
- 了解店铺海报的设计形式。

技能目标

- 掌握设计 PC 端海报的方法。
- 掌握设计移动端海报的方法。

网店中的海报有别于传统平面中的海报，它是店铺中的 Banner，用于展示活动、促销等信息。海报通常位于店铺首页和详情页等最醒目的区域，位于消费者的视觉中心，因此其视觉设计有举足轻重的地位，如图 4-1 所示。

图 4-1

4.1 海报的设计尺寸

店铺海报的设计尺寸会根据不同电商平台的规则和商家的具体设计要求有所区别，海报的常见设计尺寸可以分为以下 4 类。

（1）PC 端全屏海报：宽度建议为 1920 像素，高度建议为 500 ～ 800 像素，高度常用尺寸为 500、550、600、650、700、800 像素，如图 4-2 所示。

图 4-2

（2）PC 端常规海报：宽度建议为 950 像素或 750 像素，高度建议为 100 ～ 600 像素，常用尺寸为 750 像素 ×250 像素和 950 像素 ×250 像素，如图 4-3 所示。

（3）移动端海报：宽度建议为 1200 像素，高度建议为 600 ～ 2000 像素，如图 4-4 所示。

图 4-3

（4）详情页商品焦点图：尺寸通常为 750 像素 ×950 像素和 790 像素 ×950 像素，如图 4-5 所示。

图 4-4　　　　　　　　　　　　　　图 4-5

4.2　海报的设计形式

网店美工可以根据不同的设计需求进行不同的店铺海报设计。店铺海报的设计形式大致分为以下 3 种。

（1）活力促销设计形式：活力促销设计形式的海报，颜色鲜艳，字体醒目，如图 4-6 所示。

图 4-6

（2）淡雅文艺设计形式：淡雅文艺设计形式的海报，该风格颜色多为柔和邻近色，字体端正优雅，商品、模特及点缀的颜色应与背景色协调统一，如图 4-7 所示。

图 4-7

（3）简约品牌设计形式：简约品牌设计形式的海报，配色较少，颜色多采用品牌色，文案以标语为主，商品摆放具有空间感，如图4-8所示。

图 4-8

4.3　家居海报的设计

在进行家居海报的设计时，我们将选取热销商品针对不同的客户端设备进行对应设计，即分别进行 PC 端实木双人床海报设计和移动端实木餐桌椅海报设计。

↘ 4.3.1　PC端实木双人床海报设计

在设计制作 PC 端实木双人床海报的过程中，我们围绕主体物双人床进行创意。背景为室内场景图，凸显商品主题。色彩选取白色、橘黄色和深棕色，分别体现整洁、温馨和舒适的观感。字体选用黑体呼应主题。最终效果参考"云盘 /Ch04/4.3.1 PC 端实木双人床海报设计 / 工程文件 .psd"，如图4-9所示，具体操作步骤如下。

微课视频

PC 端实木双人床
海报设计

图 4-9

（1）按 Ctrl+N 组合键，弹出"新建文档"对话框，设置宽度为 1920 像素，高度为 800 像素，分辨率为 72 像素 / 英寸，颜色模式为 RGB，背景内容为白色，单击"创建"按钮，新建一个文件。

（2）选择"视图 > 新建参考线版面"命令，弹出"新建参考线版面"对话框，在左边距和右边距各为 360 像素的位置建立垂直参考线，设置如图4-10所示。单击"确定"按钮，完成参考线的创建。

（3）选择"文件 > 置入嵌入对象"命令，弹出"置入嵌入的对象"对话框，分别选择云盘中的"Ch04 > 4.3.1 PC 端实木双人床海报设计 > 素材"下的"01""02"文件，单击"置入"按钮，将图片分别置入图像窗口中。分别将"01"和"02"图片拖曳到适当的位置，按回车键确定操作，在"图层"控制面板中生成新的图层并分别将其命名为"背景"和"地毯"，按 Ctrl+Alt+G 组合键，创建剪贴蒙版，如图 4-11 所示，效果如图 4-12 所示。

图 4-10

图 4-11

图 4-12

（4）单击"图层"控制面板下方的"添加图层样式"按钮 _fx_，在弹出的菜单中选择"投影"命令，弹出对话框，设置"投影"颜色为黑色，其他选项的设置如图 4-13 所示，单击"确定"按钮，效果如图 4-14 所示。

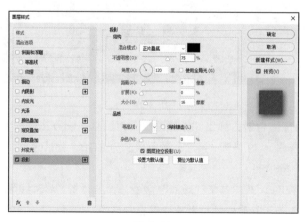

图 4-13

图 4-14

（5）使用相同的方法置入"03"文件，如图 4-15 所示，在"图层"控制面板中生成新的图层并将其命名为"柜子"。

（6）单击"图层"控制面板下方的"创建新图层"按钮，生成新的图层并将其命名为"阴影"。选择"矩形选框"工具，在属性栏中设置"羽化"为 4 像素，在图像窗口中绘制一个矩形选区，如图 4-16 所示。将前景色设置为黑色，按 Alt+Delete 组合键，使用前景色填充选区。按 Ctrl+D 组合键，取消选区，效果如图 4-17 所示。在"图层"控制面板上方设置"不透明度"选项为 46%，将"柜子"图层拖曳到"阴影"图层的上方，效果如图 4-18 所示。

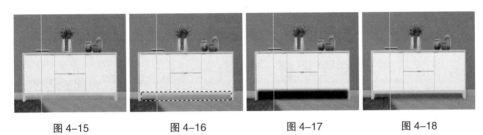

图 4-15 　　　图 4-16 　　　图 4-17 　　　图 4-18

（7）使用上述方法分别置入"04""05"和"06"图像并添加投影效果，如图 4-19 所示，在"图层"控制面板中分别生成新的图层并将其命名为"装饰画1""装饰画2"和"床"。

（8）选择"横排文字"工具，在适当的位置分别输入需要的文字并选取文字。选择"窗口 > 字符"命令，打开"字符"面板，将"颜色"设置为白色，并设置合适的字体和字号。使用上述方法为文字添加阴影效果，效果如图 4-20 所示，在"图层"控制面板中分别生成新的文字图层。

图 4-19 　　　　　　　　　　　图 4-20

（9）选择"圆角矩形"工具，在属性栏的"选择工具模式"选项中选择"形状"，将"填充"颜色设置为橘黄色（251、198、73），"描边"颜色设置为无，"半径"选项设置为 24 像素，在图像窗口中绘制一个圆角矩形，如图 4-21 所示，在"图层"控制面板中生成新的形状图层"圆角矩形1"。使用相同的方法输入其他文字，如图 4-22

所示，在"图层"控制面板中生成新的文字图层。

（10）按住 Shift 键的同时，单击"背景"图层，将需要的图层全部选中。按 Ctrl+G 组合键，群组图层并将其命名为"轮播海报 1"，如图 4-23 所示。PC 端实木双人床海报制作完成。

图 4-21　　　　　　　图 4-22　　　　　　　图 4-23

↘ 4.3.2　手机端实木餐桌椅海报设计

微课视频

手机端实木餐桌椅
海报设计

在设计制作手机端实木餐桌椅海报的过程中，我们围绕主体物餐桌椅进行创意。背景为产品实拍图，一目了然。色彩选取深灰色、深棕色和玫红色，分别体现稳重、大气和温馨的观感。字体选用黑体呼应主题。最终效果参考"云盘 /Ch04/4.3.2 手机端实木餐桌椅海报设计 / 工程文件 .psd"，如图 4-24 所示，具体操作步骤如下。

图 4-24

（1）按 Ctrl+N 组合键，弹出"新建文档"对话框，设置宽度为 1200 像素，高度为 1520 像素，分辨率为 72 像素 / 英寸，颜色模式为 RGB，背景内容为白色，单击"创建"按钮，新建一个文件。

（2）选择"视图 > 新建参考线版面"命令，弹出"新建参考线版面"对话框，在左边距和右边距各为 20 像素的位置建立垂直参考线，设置如图 4-25 所示。单击"确定"按钮，完成参考线的创建。

（3）选择"矩形"工具 ▢，在属性栏的"选择工具模式"选项中选择"形状"，将"填充"颜色设置为浅灰色（229、229、229），"描边"颜色设置为无。绘制一个与页面大小相等的矩形，如图 4-26 所示，在"图层"控制面板中生成新的形状图层"矩形 1"。

图 4-25　　　　　　　　　　　图 4-26

（4）选择"文件 > 置入嵌入对象"命令，弹出"置入嵌入的对象"对话框，选择云盘中的"Ch04 > 4.3.2 手机端实木餐桌椅海报设计 > 素材 > 01"文件，单击"置入"按钮，将图片置入图像窗口，并将其拖曳到适当的位置，按回车键确定操作，在"图层"控制面板中生成新的图层并将其命名为"餐桌椅"，按 Ctrl+Alt+G 组合键，创建剪贴蒙版，如图 4-27 所示，效果如图 4-28 所示。

图 4-27　　　　　　　　　　　图 4-28

（5）单击"图层"控制面板下方的"创建新的填充或调整图层"按钮 ◐，在弹出的菜单中选择"亮度 / 对比度"命令，在"图层"控制面板中生成"亮度 / 对比度 1"图层，同时弹出"亮度 / 对比度"面板，单击"此调整影响下面的所有图层"按钮 ↵ 使其显示为"此调整剪切到此图层"按钮 ⊡，其他选项设置如图 4-29 所示，按回车键确定操作，效果如图 4-30 所示。

（6）选择"横排文字"工具 T，在适当的位置分别输入需要的文字并选取文字。选择"窗口 > 字符"命令，打开"字符"面板，将"颜色"分别设置为深灰色（77、77、77）、深棕色（118、95、76）和玫红色（243、58、79），并分别设置合适的字体和字号，效果如图 4-31 所示，在"图层"控制面板中分别生成新的文字图层。

图 4-29　　　　　　　　　　图 4-30　　　　　　　　　　图 4-31

（7）选择"圆角矩形"工具 ▢，在属性栏中将"填充"颜色设置为无，"描边"颜色设置为浅灰色（144、144、144），"半径"选项设置为 34 像素，"粗细"选项设置为 2 像素，单击"设置形状描边类型"选项，在弹出的菜单中单击"更多选项"按钮 更多选项…，在弹出的"描边"对话框中进行设置，如图 4-32 所示。在图像窗口中绘制一个圆角矩形，按回车键确定操作，如图 4-33 所示，在"图层"控制面板中生成新的形状图层"圆角矩形 1"。

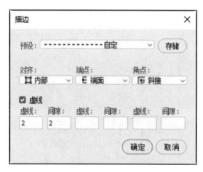

图 4-32　　　　　　　　　　图 4-33

（8）使用上述方法分别输入文字并置入图标，效果如图 4-34 所示，在"图层"控制面板中分别生成新的图层。按住 Shift 键的同时，单击"矩形 1"图层，将需要的图层全部选中。按 Ctrl+G 组合键，群组图层并将其命名为"轮播海报 2"，如图 4-35 所示。移动端实木餐桌椅海报制作完成。

图 4-34　　　　　　　　　　　　图 4-35

4.4　课堂实训——PC 端头戴式耳机海报设计

1. 案例分析

本实训通过设计 PC 端头戴式耳机海报，明确当下耳机产品行业海报的设计风格并帮助读者掌握海报的设计要点与制作方法。

微课视频

PC 端头戴式耳机
海报设计

2. 设计理念

在设计过程中，围绕主体物头戴式耳机进行创意。背景为渐变色与图片相结合的形式，以光效作为元素实现点缀效果。色彩选取亮蓝色、深紫色和玫红色分别体现科技、时尚和质感。字体选用方正粉丝天下简体和黑体起到呼应主题的作用。采用黄金比例分割的左右构图表现和谐美感。整体设计充满特色，契合主题。最终效果参考"云盘 /Ch04/4.4 课堂实训——PC 端头戴式耳机海报设计 / 工程文件 .psd"，如图 4-36 所示。

图 4-36

3. 知识要点

使用矩形工具和圆角矩形工具绘制图形，使用"置入嵌入对象"命令置入图像，使用"亮度 / 对比度"命令为图像调色，使用文字工具输入文字内容，使用"渐变叠加"命令为图形添加效果。

4.5 课后习题——手机端抗皱精华露海报设计

1. 案例分析

本习题通过设计手机端抗皱精华露海报，明确当下护肤品行业海报的设计风格并帮助读者掌握海报的设计要点与制作方法。

2. 设计理念

在设计过程中，围绕主体物精华露进行创意。背景为图片，增添整体画面的氛围感。色彩选取灰色、中黄色和金色渐变分别体现时尚、雅致和高贵的观感。字体选用黑体起到呼应主题的作用。采用容易突出主题的上下构图表现和谐美感。增加与商品特性相关的标签体现简约精致的特点，整体设计充满特色，契合主题。最终效果参考"云盘 /Ch04/4.5 课后习题——手机端抗皱精华露海报设计 / 工程文件 .psd"，如图 4-37所示。

微课视频

手机端抗皱精华露
海报设计

图 4-37

3. 知识要点

使用矩形工具绘制图形，使用"置入嵌入"对象命令置入图像，使用"创建剪贴蒙版"命令调整图片显示区域，使用"亮度 / 对比度"命令为图像调色，使用横排文字工具输入文字内容，使用"渐变叠加"命令为图形添加效果。

第 5 章　商品详情页设计

商品详情页设计是网店美工的综合型工作任务，精心设计的商品详情页能够提升用户的购买欲望。本章针对商品详情页的基本概念和设计模块等基础知识进行系统讲解，并针对流行风格和典型行业的商品详情页进行设计演练。通过本章的学习，读者可以对商品详情页的设计有一个系统的认识，并快速掌握商品详情页的设计规范和制作方法，成功制作一个具有吸引力的商品详情页。

学习目标

- 了解商品详情页的基本概念。
- 熟悉商品详情页的设计模块。

技能目标

- 掌握设计商品焦点图的方法。
- 掌握设计卖点提炼的方法。
- 掌握设计商品展示的方法。
- 掌握设计细节展示的方法。
- 掌握设计商品信息的方法。
- 掌握设计其他模块的方法。
- 掌握设计模块合并的方法。

商品详情页即店铺向消费者展示商品详细信息，最终促使消费者发生消费行为的页面。店铺的商品详情页具有展现产品内容、达成产品转化的功能作用。由于消费者在虚拟网络中，只能通过商品详情页了解商品的全貌和细节，因此商品详情页的内容质量对商品的销售量有决定性作用。

5.1 商品焦点图设计

商品焦点图即商品详情页中的商品 Banner，通常位于详情页中的商品描述信息下方，类似于店铺首页的轮播海报，其主要功能是使详情页中的商品更加吸引消费者，更好地展示商品优势。优秀的商品焦点图会起到场景代入、提供真实体验的作用，如图 5-1 所示。

微课视频

商品焦点图设计

图 5-1

在设计制作实木沙发焦点图的过程中，我们围绕主体物沙发进行创意。背景为产品实拍图，色彩选取棕色和深灰色体现舒适和温馨的观感，字体选用黑体呼应主题，图标采用与沙发特点相关的线性图标表现简约精致的特点。最终效果参考"云盘 /Ch05/5.1 商品焦点图设计 / 工程文件 .psd"，如图 5-2 所示，具体操作步骤如下。

（1）按 Ctrl+N 组合键，弹出"新建文档"对话框，设置宽度为 790 像素，高度为 1500 像素，分辨率为 72 像素 / 英寸，颜色模式为 RGB，背景内容为白色，单击"创建"按钮，新建一个文件。

（2）选择"矩形"工具 □，在属性栏的"选择工具模式"选项中选择"形状"，将"填充"颜色设置为黑色，"描边"颜色设置为无。在图像窗口中的适当位置绘制矩形，在"图层"控制面板中生成新的形状图层"矩形 1"。选择"窗口 > 属性"命令，弹出"属性"面板，在面板中进行设置，如图 5-3 所示，效果如图 5-4 所示。

（3）按 Ctrl+R 组合键，显示标尺。选择"视图 > 对齐到 > 全部"命令。在图像窗口左侧标尺上单击鼠标并水平向右进行拖曳，在矩形左侧锚点的位置松开鼠标，完成参考线的创建。使用相同的方法，在矩形右侧锚点和中心点的位置分别创建参考线，效果如图 5-5 所示。在"图层"控制面板中选中"矩形 1"图层，按 Delete键将其删除。

图 5-2　　　　　　　　　　　　　　　　　图 5-3

图 5-4　　　　　　　　　　　　　　　　　图 5-5

（4）选择"矩形"工具 □，在属性栏中，将"填充"颜色设置为浅灰色（225、222、217），"描边"颜色设置为无。在图像窗口中绘制一个与页面大小相等的矩形，如图 5-6 所示，在"图层"控制面板中生成新的形状图层"矩形 1"。

（5）选择"文件 > 置入嵌入对象"命令，弹出"置入嵌入的对象"对话框，选择云盘中的"Ch05 > 5.1 商品焦点图设计 > 素材 > 01"文件，单击"置入"按钮，将图片置入图像窗口并将其拖曳到适当的位置，按回车键确定操作，在"图层"控制面板中生成新的图层并将其命名为"沙发 1"，按 Alt+Ctrl+G 组合键，为图层创建剪贴蒙版，效果如图 5-7 所示。

（6）单击"图层"控制面板下方的"创建新的填充或调整图层"按钮 ◑，在弹出的菜单中选择"亮度 / 对比度"命令，在"图层"控制面板中生成"亮度 / 对比度 1"图层，同时弹出"亮度 / 对比度"面板，单击"此调整影响下面的所有图层"按钮 ⬧

使其显示为"此调整剪切到此图层"按钮 ，其他选项设置如图 5-8 所示，按回车键确定操作，效果如图 5-9 所示。

（7）选择"横排文字"工具 ，在适当的位置输入需要的文字并选取文字。选择"窗口 > 字符"命令，打开"字符"面板，将"颜色"设置为深灰色（54、54、54），并设置合适的字体和字号，效果如图 5-10 所示，在"图层"控制面板中生成新的文字图层。

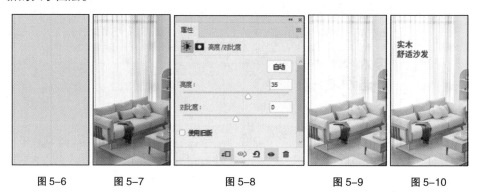

图 5-6   图 5-7   图 5-8   图 5-9   图 5-10

（8）使用上述方法分别绘制形状、输入文字并置入图标，效果如图 5-11 所示，在"图层"控制面板中分别生成新的图层。

（9）按住 Shift 键的同时，单击"矩形 1"图层，将需要的图层全部选中。按 Ctrl+G 组合键，群组图层并将其命名为"商品焦点"，如图 5-12 所示。商品焦点图制作完成。

图 5-11   图 5-12

5.2　卖点提炼设计

卖点提炼即商品特点和消费者关注点的提炼，通常位于商品焦点图下方或与商品焦点图组合，主要用于向消费者展示商品的独特之处，使其产生购买欲望。精准的卖点提炼会起到展示产品优势、挖掘用户需求的作用，如图 5-13 所示。

微课视频

卖点提炼设计

图 5-13

在设计制作实木沙发卖点提炼的过程中，我们结合商品焦点图，围绕沙发的卖点进行创意。将背景设置为纯色，使内容清晰易读。图标则延用与卖点相关的线性图标。最终效果参考"云盘 /Ch05/5.2 卖点提炼设计 / 工程文件 .psd"，如图 5-14 所示，具体操作步骤如下。

图 5-14

（1）按 Ctrl+N 组合键，弹出"新建文档"对话框，设置宽度为 790 像素，高度为 1066 像素，分辨率为 72 像素 / 英寸，颜色模式为 RGB，背景内容为白色，单击"创建"按钮，新建一个文件。

（2）使用上述方法，分别新建距离页面左边缘 20 像素、居中于页面及距离页面右边缘 20 像素的三条垂直参考线。

（3）选择"矩形"工具 □，在属性栏的"选择工具模式"选项中选择"形状"，将"填充"颜色设置为浅灰色（241、241、241），"描边"颜色设置为无。在图像窗口中绘制一个与页面大小相等的矩形，如图 5-15 所示，在"图层"控制面板中生成新的形状图层"矩形 1"。

（4）选择"视图 > 新建参考线"命令，弹出"新建参考线"对话框，在 120 像素的位置新建水平参考线，设置如图 5-16 所示。单击"确定"按钮，完成参考线的创建。使用相同的方法，在 186 像素的位置再次新建一条水平参考线。

（5）选择"横排文字"工具 **T.**，在适当的位置输入需要的文字并选取文字。选择"窗口 > 字符"命令，打开"字符"面板，将"颜色"设置为深灰色（54、54、54），并设置合适的字体和字号，效果如图 5-17 所示。使用相同的方法分别新建参考线并输入文字，效果如图 5-18 所示，在"图层"控制面板中分别生成新的文字图层。

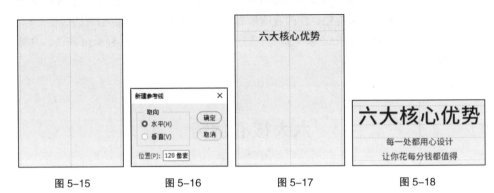

| 图 5-15 | 图 5-16 | 图 5-17 | 图 5-18 |

（6）使用上述方法分别新建两条水平参考线。选择"矩形"工具 □，在属性栏中将"填充"颜色设置为浅棕色（193、155、116），"描边"颜色设置为无。在图像窗口中绘制一个矩形，如图 5-19 所示，在"图层"控制面板中生成新的形状图层"矩形 2"。

（7）选择"直接选择"工具 **▷.**，使用框选方法选取需要的锚点，如图 5-20 所示。按住 Shift 键的同时，向右拖曳到适当的位置，如图 5-21 所示。选择"路径选择"工具 **▶.**，选取形状，按住 Alt+Shift 组合键的同时，向右拖曳，复制形状。使用相同的方法再次复制 1 个形状，如图 5-22 所示。

（8）使用上述方法分别新建两条水平参考线。选择"文件 > 置入嵌入对象"命令，弹出"置入嵌入的对象"对话框，选择云盘中的"Ch05 > 5.2 卖点提炼设计 > 素材 > 01"文件，单击"置入"按钮，将图片置入图像窗口中并将其拖曳到适当的位置，按回车键确定操作，如图 5-23 所示。在"图层"控制面板中生成新的图层并将其命名为"实木"。

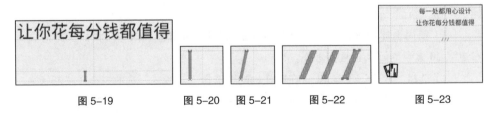

| 图 5-19 | 图 5-20 | 图 5-21 | 图 5-22 | 图 5-23 |

（9）单击"图层"控制面板下方的"添加图层样式"按钮 **fx.**，在弹出的菜单中选择"颜色叠加"命令，弹出对话框，设置"叠加"颜色为浅棕色（193、155、116），其他选项的设置如图 5-24 所示，单击"确定"按钮，效果如图 5-25 所示。使用上述方

法分别输入文字、新建参考线、置入图标并添加颜色叠加效果，效果如图 5-26 所示，在"图层"控制面板中分别生成新的图层。

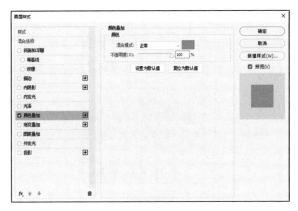

图 5-24

图 5-25

图 5-26

（10）选择"直线"工具 ✏，在属性栏中将"填充"颜色设置为无，"描边"颜色设置为淡棕色（197、180、164），"粗细"选项设置为 2 像素。按住 Shift 键的同时，在适当的位置绘制竖线，如图 5-27 所示，在"图层"控制面板中生成新的形状图层"形状 1"。

（11）选择"移动"工具 ✛，按住 Alt+Shift 组合键的同时，分别拖曳形状到适当的位置，复制竖线，如图 5-28 所示，在"图层"控制面板中分别生成新的形状图层。

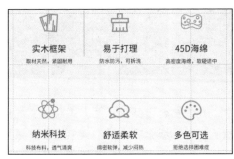

图 5-27

图 5-28

（12）按住 Shift 键的同时，单击"矩形 1"图层，将需要的图层同时选取。按 Ctrl+G 组合键，群组图层并将其命名为"卖点提炼"，如图 5-29 所示。卖点提炼制作完成。

图 5-29

5.3 商品展示设计

商品展示即展示商品的内容，通常位于卖点提炼下方，大多由 3 ～ 5 张图片组成，实现"一屏一卖点"，起到进一步展示产品优势、呈现产品功能的作用，如图 5-30 所示。

微课视频
商品展示设计

图 5-30

在设计制作实木沙发商品展示的过程中，我们结合商品焦点图，围绕沙发的展示进行创意。背景为产品实拍图，一目了然。文字排版合理，简约大气。最终效果参考"云盘 /Ch05 /5.3 商品展示设计 / 工程文件 .psd"，如图 5-31 所示，具体操作步骤如下。

松软公仔棉

丰盈饱满 回弹率42%~53%
缓冲减震 舒适承托

颈部承托
背部承托
腰部承托
臀部承托

扫一扫

扫码观看完整版长图

图 5-31

（1）按 Ctrl+N 组合键，弹出"新建文档"对话框，设置宽度为 790 像素，高度为 6214 像素，分辨率为 72 像素 / 英寸，颜色模式为 RGB，背景内容为白色，单击"创建"按钮，新建一个文件。

（2）使用上述方法，分别新建距离页面左边缘 20 像素、居中于页面及距离页面右边缘 20 像素的三条垂直参考线。选择"视图 > 新建参考线"命令，弹出"新建参考线"对话框，在 1500 像素的位置新建水平参考线，设置如图 5-32 所示。单击"确定"按钮，完成参考线的创建。

（3）选择"矩形"工具 ▢，在属性栏的"选择工具模式"选项中选择"形状"，将"填充"颜色设置为浅灰色（241、241、241），"描边"颜色设置为无。在图像窗口中绘制一个矩形，如图 5-33 所示，在"图层"控制面板中生成新的形状图层"矩形 1"。

（4）选择"文件 > 置入嵌入对象"命令，弹出"置入嵌入的对象"对话框，选择云盘中的"Ch05> 5.3 商品展示设计 > 素材 > 01"文件，单击"置入"按钮，将图片置入图像窗口中，将其拖曳到适当的位置并调整大小，按回车键确定操作，在"图层"控制面板中生成新的图层并将其命名为"沙发"，按 Alt+Ctrl+G 组合键，为图层创建剪贴蒙版，效果如图 5-34 所示。

（5）单击"图层"控制面板下方的"创建新的填充或调整图层"按钮 ◔，在弹出的菜单中选择"亮度 / 对比度"命令，在"图层"控制面板中生成"亮度 / 对比度 1"图层，同时弹出"亮度 / 对比度"面板，单击"此调整影响下面的所有图层"按钮 ⊡ 使其显示为"此调整剪切到此图层"按钮 ⊡，其他选项设置如图 5-35 所示，按回车键确定操作，效果如图 5-36 所示。

图 5-32　　　图 5-33　　　图 5-34　　　图 5-35　　　图 5-36

（6）使用上述方法新建一条水平参考线，选择"横排文字"工具 T，在适当的位置输入需要的文字并选取文字。选择"窗口 > 字符"命令，打开"字符"面板，将"颜色"设置为深灰色（54、54、54），并设置合适的字体和字号，效果如图5-37 所示，在"图层"控制面板中生成新的文字图层。使用上述方法，分别建立参考线、输入文字并绘制形状，效果如图 5-38 所示，在"图层"控制面板中分别生成新的图层。

（7）选择"钢笔"工具 ，在属性栏中将"填充"颜色设置为深棕色（193、155、116），"描边"颜色设置为无。在图像窗口中的适当位置绘制形状，按回车键确定操作，效果如图5-39 所示。按 Ctrl+J 组合键，复制形状，选择"移动"工具 ，将复制的形状拖曳到适当的位置，并调整其大小和角度，效果如图5-40 所示。在"图层"控制面板中生成新的形状图层"形状 1"和"形状 1 拷贝"。

图 5-37　　　　　　　　图 5-38　　　　　图 5-39　　　图 5-40

（8）选择"椭圆"工具 ，按住 Shift 键的同时，在图像窗口中绘制一个圆形，在属性栏中将"填充"颜色设置为深棕色（193、155、116），"描边"颜色设置为无，在"图层"控制面板中生成新的形状图层"椭圆 1"。

（9）单击"图层"控制面板下方的"添加图层样式"按钮 ，在弹出的菜单中选择"描边"命令，弹出对话框，设置"描边"颜色为白色，其他选项的设置如图 5-41 所示，单击"确定"按钮，效果如图 5-42 所示。

（10）使用上述方法，分别绘制形状并输入文字，制作出图 5-43 所示的效果，在"图层"控制面板中分别生成新的图层。按住 Shift 键的同时，单击"矩形 1"图层，将需要的图层全部选中。按 Ctrl+G 组合键，群组图层并将其命名为"商品材质"。

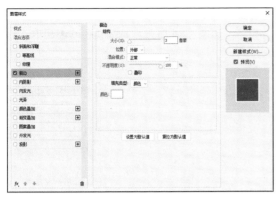

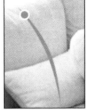

图 5-41   图 5-42   图 5-43

（11）使用上述方法，分别制作出图 5-44、图 5-45 和图 5-46 所示的效果，在"图层"控制面板中生成新的图层组"商品细节""商品框架"和"场景展示"。

（12）按住 Shift 键的同时，单击"商品材质"图层组，将需要的图层组全部选中。按 Ctrl+G 组合键，群组图层组并将其命名为"商品展示"，如图 5-47 所示。商品展示制作完成。

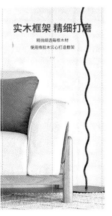

图 5-44   图 5-45   图 5-46   图 5-47

5.4 细节展示设计

细节展示即商品的细节放大图，通常位于卖点提炼或商品展示下方，将商品细节进行最大限度的展示，可以使消费者更加信任商品。优秀的细节展示可以起到剖析商品特点、深入展现商品的作用，如图 5-48 所示。

微课视频

细节展示设计

在设计制作实木沙发细节展示的过程中，我们将结合商品焦点图，围绕沙发的细节进行创意。将背景设置为纯色，令内容易读。主体位置为商品放大后的细节图片，凸显主题。图标则延用与材质相关的线性图标。最终效果参考"云盘 /Ch05/5.4 细节展示设计 / 工程文件 .psd"，如图 5-49 所示，具体操作步骤如下。

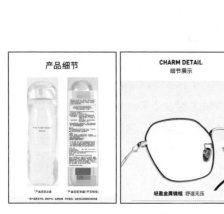

图 5-48　　　　　　　　　　　　　　　　　　图 5-49

（1）按 Ctrl+N 组合键，弹出"新建文档"对话框，设置宽度为 790 像素，高度为 2428 像素，分辨率为 72 像素 / 英寸，颜色模式为 RGB，背景内容为白色，单击"创建"按钮，新建一个文件。

（2）使用上述方法，分别新建距离页面左边缘 20 像素、居中于页面及距离页面右边缘 20 像素的三条垂直参考线。选择"视图 > 新建参考线"命令，弹出"新建参考线"对话框，在 910 像素的位置新建水平参考线，设置如图 5-50 所示。单击"确定"按钮，完成参考线的创建。

（3）选择"矩形"工具 ▢，在属性栏的"选择工具模式"选项中选择"形状"，将"填充"颜色设置为浅灰色（241、241、241），"描边"颜色设置为无。在图像窗口中绘制一个矩形，如图 5-51 所示，在"图层"控制面板中生成新的形状图层"矩形 1"。

（4）选择"圆角矩形"工具 ▢，在图像窗口中绘制一个圆角矩形，在属性面板中将"填充"颜色设置为白色，"描边"颜色设置为无，"半径"选项设置为 6 像素，效果如图 5-52 所示，在"图层"控制面板中生成新的形状图层"圆角矩形 1"。

（5）选择"文件 > 置入嵌入对象"命令，弹出"置入嵌入的对象"对话框，选择云盘中的"Ch05 > 5.4 细节展示设计 > 素材 > 01"文件，单击"置入"按钮，将图片置入图像窗口，将其拖曳到适当的位置并调整大小，按回车键确定操作，在"图层"控制面板中生成新的图层并将其命名为"布料"，按 Alt+Ctrl+G 组合键，为图层创建剪贴蒙版，效果如图 5-53 所示。

　　图 5-50　　　　　　图 5-51　　　　　　图 5-52　　　　　　图 5-53

　　（6）单击"图层"控制面板下方的"创建新的填充或调整图层"按钮 ●，在弹出的菜单中选择"色彩平衡"命令，在"图层"控制面板中生成"色彩平衡 1"图层，同时弹出"色彩平衡"面板，单击"此调整影响下面的所有图层"按钮 ↴ 使其显示为"此调整剪切到此图层"按钮 ↴ ，其他选项设置如图 5-54 所示，按回车键确定操作。单击"图层"控制面板下方的"创建新的填充或调整图层"按钮 ●，在弹出的菜单中选择"亮度 / 对比度"命令，在"图层"控制面板中生成"亮度 / 对比度 1"图层，同时弹出"亮度 / 对比度"面板，单击"此调整影响下面的所有图层"按钮 ↴ 使其显示为"此调整剪切到此图层"按钮 ↴ ，其他选项设置如图 5-55 所示，按回车键确定操作，效果如图 5-56 所示。

　　（7）选择"横排文字"工具 **T.** ，在适当的位置输入需要的文字并选取文字。选择"窗口 > 字符"命令，打开"字符"面板，将"颜色"设置为深灰色（54、54、54），并分别设置合适的字体和字号，效果如图 5-57 所示，在"图层"控制面板中分别生成新的文字图层。

　　图 5-54　　　　　　图 5-55　　　　　　图 5-56　　　　　　图 5-57

　　（8）使用上述方法分别绘制形状并输入文字，效果如图 5-58 所示，在"图层"控制面板中分别生成新的图层。使用上述方法置入"02"图像，在"图层"控制面板中生成新的图层并将其命名为"透气"。

　　（9）单击"图层"控制面板下方的"添加图层样式"按钮 *fx.* ，在弹出的菜单中选择"颜色叠加"命令，弹出对话框，设置"叠加"颜色为深灰色（54、54、54），其他选项的设置如图 5-59 所示，单击"确定"按钮，效果如图 5-60 所示。

　　（10）使用相同的方法再次绘制形状并置入图标，效果如图 5-61 所示，在"图层"控制面板中分别生成新的图层。按住 Shift 键的同时，单击"矩形 1"图层，将需要的图层全部选中。按 Ctrl+G 组合键，群组图层并将其命名为"商品面料"。

　　（11）使用上述方法，制作出图 5-62 所示的效果，在"图层"控制面板中生成新的图层组"商品用材"，如图 5-63 所示。按住 Shift 键的同时，单击"商品面料"图层组，将需要的图层组全部选中。按 Ctrl+G 组合键，群组图层并将其命名为"细节展示"，如图 5-64 所示。细节展示制作完成。

图 5-58

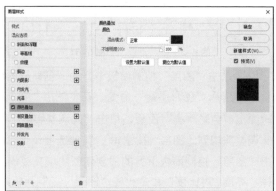

图 5-59

图 5-62

图 5-60 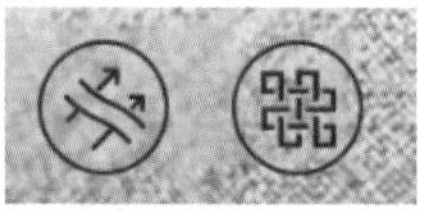   图 5-61

图 5-63    图 5-64

5.5 商品信息设计

微课视频

商品信息设计

商品信息即商品的真实数据，通常位于卖点提炼或细节展示下方。网店美工需要将商品的尺寸、颜色等内容充分展示给消费者，以起到全面介绍商品参数、引导消费者了解商品信息的作用，如图 5-65 所示。

图 5-65

在设计制作实木沙发商品信息的过程中，我们结合商品焦点图，围绕沙发的产品参数进行创意。背景为纯色，简洁明了。文字排版合理，一目了然。最终效果参考"云盘 /Ch05 /5.5 商品信息设计 / 工程文件 .psd"，如图 5-66 所示，具体操作步骤如下。

（1）按 Ctrl+N 组合键，弹出"新建文档"对话框，设置宽度为 790 像素，高度为 1234 像素，分辨率为 72 像素 / 英寸，颜色模式为 RGB，背景内容为白色，单击"创建"按钮，新建一个文件。

（2）使用上述方法，分别新建距离页面左边缘20 像素、居中于页面及距离页面右边缘 20 像素的三条垂直参考线。

（3）选择"矩形"工具 □，在属性栏的"选择工具模式"选项中选择"形状"，将"填充"颜色设置为白色，"描边"颜色设置为无。在图像窗口中绘制一个与页面大小相等的矩形，在"图层"控制面板中生成新的形状图层"矩形 1"。

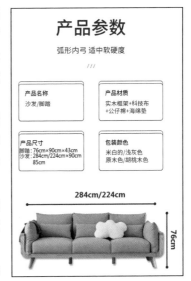

图 5-66

（4）选择"视图 > 新建参考线"命令，弹出"新建参考线"对话框，在 124 像素的位置新建水平参考线，设置如图 5-67 所示。单击"确定"按钮，完成参考线的创建。使用相同的方法，在 262 像素的位置再次新建一条水平参考线。

（5）选择"横排文字"工具 **T.**，在适当的位置分别输入需要的文字并选取文字。选择"窗口 > 字符"命令，打开"字符"面板，将"颜色"设置为深灰色（54、54、54），并设置合适的字体和字号，效果如图 5-68 所示，在"图层"控制面板中分别生成新的文字图层。使用上述方法分别新建参考线并绘制形状，效果如图 5-69 所示，在"图层"控制面板中生成新的形状图层。

图 5-67   图 5-68   图 5-69

（6）使用上述方法新建两条水平参考线。选择"圆角矩形"工具 ▢.，在图像窗口中绘制一个圆角矩形，在属性栏中将"填充"颜色设置为无，"描边"颜色设置为黑色，"半径"选项设置为 10 像素，效果如图 5-70 所示，在"图层"控制面板中生成新的形状图层"圆角矩形 1"。

（7）按 Ctrl+J 组合键，复制图层，在"图层"控制面板中生成新的形状图层"圆角矩形 1 拷贝"。选择"移动"工具 ✛.，按 Ctrl+T 组合键，调整形状大小，效果如图 5-71 所示。选择"横排文字"工具 **T.**，在适当的位置分别输入需要的文字并选取文字。在"字符"面板中，将"颜色"设置为深灰色（29、29、29）和中灰色（72、72、72），并设置合适的字体和字号，效果如图 5-72 所示，在"图层"控制面板中分别生成新的文字图层。

（8）使用上述方法分别绘制形状并输入文字，效果如图 5-73 所示，在"图层"控制面板中分别生成新的图层。

图 5-70   图 5-71   图 5-72   图 5-73

（9）使用上述方法新建两条水平参考线。选择"文件 > 置入嵌入对象"命令，弹出"置入嵌入的对象"对话框，选择云盘中的"Ch05 > 5.5 商品信息设计 > 素材 > 01"文件，单击"置入"按钮，将图片置入图像窗口，并将其拖曳到适当的位置并调整大小，按回车键确定操作，在"图层"控制面板中生成新的图层并将其命名为"沙发"。

（10）单击"图层"控制面板下方的"添加图层样式"按钮 *fx*，在弹出的菜单中选择"投影"命令，弹出对话框，设置"投影"颜色为黑色，其他选项的设置如图5-74所示，单击"确定"按钮，效果如图5-75所示。

图5-74   图5-75

（11）选择"直线"工具 ∕，在属性栏中将"填充"颜色设置为无，"描边"颜色设置为深灰色（54、54、54），"粗细"选项设置为4像素。按住Shift键的同时，在适当的位置绘制直线，在"图层"控制面板中生成新的形状图层"形状1"。选择"椭圆"工具 ○，按住Shift键的同时，在图像窗口中绘制一个圆形，在属性栏中将"填充"颜色设置为深灰色（54、54、54），"描边"颜色设置为无，如图5-76所示，在"图层"控制面板中生成新的形状图层"椭圆1"。

（12）使用上述方法分别绘制形状并输入文字，效果如图5-77所示，在"图层"控制面板中分别生成新的图层。

（13）按住Shift键的同时，单击"矩形1"图层，将需要的图层全部选中。按Ctrl+G组合键，群组图层并将其命名为"商品信息"，如图5-78所示。商品信息制作完成。

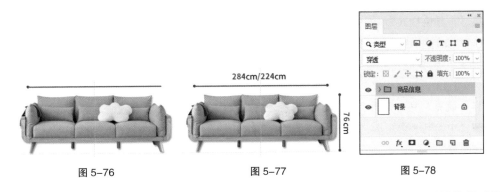

图5-76   图5-77   图5-78

5.6 其他模块设计

质量保证、品牌实力和快递售后等其他模块通常位于商品详情页底部，这些模块都在不同程度上为消费者购买商品打消疑虑、加强信心。质量保证即展示商品的相关证书，起到承诺产品质量、增强消费者信赖的作用。品牌实力即本店铺的相关品牌故事，起到塑造品牌形象、扩大品牌知名度的作用。快递售后也可称为买家须知，包括快递服务、退换流程、售后承诺等相关内容，起到提升消费者购买商品体验和满意度的作用，如图 5-79 所示。

微课视频

其他模块设计

图 5-79

在设计制作实木沙发其他模块的过程中，我们结合商品焦点图，围绕沙发的售后进行创意。将背景设置为纯色，使内容清晰易读。图标则延用与售后相关的线性图标。最终效果参考"云盘 /Ch05/5.6 其他模块设计 / 工程文件 .psd"，如图 5-80 所示，具体操作步骤如下。

图 5-80

（1）按 Ctrl+N 组合键，弹出"新建文档"对话框，设置宽度为 790 像素，高度为 624 像素，分辨率为 72 像素 / 英寸，颜色模式为 RGB，背景内容为白色，单击"创建"按钮，新建一个文件。

（2）使用上述方法分别新建距离页面左边缘 20 像素、居中于页面及距离页面右边缘 20 像素的三条垂直参考线。

（3）选择"矩形"工具 □，在属性栏的"选择工具模式"选项中选择"形状"，将"填充"颜色设置为浅灰色（241、241、241），"描边"颜色设置为无。在图像窗口中绘制一个矩形，如图 5-81 所示，在"图层"控制面板中生成新的形状图层"矩形 1"。

（4）选择"视图 > 新建参考线"命令，弹出"新建参考线"对话框，在 118 像素的位置建立水平参考线，设置如图 5-82 所示。单击"确定"按钮，完成参考线的创建。使用相同的方法，在 258 像素的位置再次新建一条水平参考线。

（5）选择"横排文字"工具 T，在适当的位置分别输入需要的文字并选取文字。选择"窗口 > 字符"命令，打开"字符"面板，将"颜色"设置为深灰色（54、54、54），并分别设置合适的字体和字号，在"图层"控制面板中分别生成新的文字图层。使用上述方法分别新建参考线并绘制形状，效果如图 5-83 所示，在"图层"控制面板中生成新的形状图层。

图 5-81　　　　　　　　　图 5-82　　　　　　　　　　　图 5-83

（6）再次新建两条水平参考线。选择"文件 > 置入嵌入对象"命令，弹出"置入嵌入的对象"对话框，选择云盘中的"Ch05 > 5.6 其他模块设计 > 素材 > 01"文件，单击"置入"按钮，将图片置入图像窗口，将其拖曳到适当的位置并调整大小，按回车键确定操作，在"图层"控制面板中生成新的图层并将其命名为"配送车"，效果如图 5-84 所示。

（7）单击"图层"控制面板下方的"添加图层样式"按钮 fx，在弹出的菜单中选择"颜色叠加"命令，弹出对话框，设置"叠加"颜色为浅棕色（193、155、116），其他选项的设置如图 5-85 所示，单击"确定"按钮，效果如图 5-86 所示。

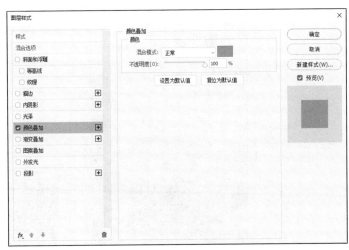

图 5-84　　　　　　　　　　　　　图 5-85

（8）使用上述方法分别输入文字、新建参考线、置入图标并添加颜色叠加效果，制作出如图 5-87 所示的效果，在"图层"控制面板中分别生成新的图层。

（9）按住 Shift 键的同时，单击"矩形 1"图层，将需要的图层同时选取。按 Ctrl+G 组合键，群组图层并将其命名为"其他模块"，如图 5-88 所示。其他模块制作完成。

图 5-86

图 5-87

图 5-88

5.7 模块合并设计

制作完成各个模块后，需要将模块合并形成一张完整的商品详情页。下面为制作实木沙发模块合并的方法，最终效果参考"云盘 /Ch05/5.7 模块合并设计 / 工程文件 .psd"，如图 5-89 所示，具体操作步骤如下。

微课视频

模块合并设计

扫一扫

扫码观看完整版长图

图 5-89

（1）按 Ctrl+N 组合键，弹出"新建文档"对话框，设置宽度为 790 像素，高度为 13066 像素，分辨率为 72 像素 / 英寸，颜色模式为 RGB，背景内容为白色，单击"创建"按钮，新建一个文件。

（2）按 Ctrl+O 组合键，弹出"打开文件"对话框，选择云盘中的"Ch05 > 5.1 商品焦点图设计 > 工程文件 .psd"文件，单击"打开"按钮，打开文件。拖曳文件中的"商品焦点"图层组到新建的图像窗口中的适当位置，如图 5-90 所示。使用相同的方法，分别合并上述制作完成的模块到新建的图像窗口中，"图层"控制面板中的顺序如图 5-91 所示。商品详情页整体效果制作完成。

图 5-90 　　　　　　　　　　图 5-91

5.8 课堂实训——入耳式耳机详情页设计

1. 案例分析

本实训通过设计入耳式耳机详情页，明确当下耳机产品行业详情页的设计风格并帮助读者掌握商品详情页的设计要点与制作方法。

2. 设计理念

在设计过程中，围绕主体物入耳式耳机进行创意。背景为图片和纯色，与产品色调呼应，使画面清新自然。色彩选取蓝色、白色和黄色营造出时尚大气的观感。字体选用黑体起到呼应主题的作用。采用居中构图表现和谐美感。图标采用与耳机特点相关的线性图标，呈现简约精致的特点，整体设计充满特色，契合主题。最终效果参考"云盘 /Ch05/5.8 课堂实训——入耳式耳机详情页设计 / 工程文件 .psd"，如图 5-92 所示。

图 5-92

3. 知识要点

使用形状工具绘制背景及辅助图形，使用"置入嵌入对象"命令置入图像，使用"添加图层样式"命令为图形添加效果，使用文字工具输入文字内容，使用"创建剪贴蒙版"命令调整图片显示区域。

微课视频

入耳式耳机详情页
设计 1

微课视频

入耳式耳机详情页
设计 2

微课视频

入耳式耳机详情页
设计 3

微课视频

入耳式耳机详情页
设计 4

微课视频

入耳式耳机详情页
设计 5

5.9 课后习题——温和洗面奶详情页设计

1. 案例分析

本习题通过设计温和洗面奶详情页，明确当下护肤品行业详情页的设计风格并帮助读者掌握详情页的设计要点与制作方法。

2. 设计理念

在设计过程中，围绕主体物洗面奶进行创意。背景为图片，与产品风格和谐统一，塑造天然纯净的产品形象。色彩选取蓝色、白色和绿色营造出清新自然的氛围。字体选用黑体起到呼应主题的作用。采用居中构图表现和谐美感。图标采用与洗面奶特性相关的线性图标，呈现简约精致的特点，整体设计充满特色，契合主题。最终效果参考"云盘 /5.9 课后习题——温和洗面奶详情页设计 / 工程文件 .psd"，如图 5-93 所示。

3. 知识要点

　　使用形状工具绘制背景及辅助图形，使用"置入嵌入对象"命令置入图像，使用"添加图层样式"命令为图形添加效果，使用文字工具输入文字内容，使用"创建剪贴蒙版"命令调整图片显示区域。

图 5-93

微 课 视 频
温和洗面奶详情页设计 1

微 课 视 频
温和洗面奶详情页设计 2

微 课 视 频
温和洗面奶详情页设计 3

微 课 视 频
温和洗面奶详情页设计 4

扫 一 扫
扫码观看完整版长图

微 课 视 频
温和洗面奶详情页设计 5

PC端店铺首页设计

  PC端店铺首页设计是网店美工设计任务中的综合型工作任务，精心设计的PC端店铺首页能够向消费者传达品牌文化和信任感。本章针对PC端店铺首页的基本概念和设计模块等基础知识进行系统讲解，并针对流行风格和典型行业的PC端店铺首页进行设计演练。通过本章的学习，读者可以对PC端店铺首页的设计有一个系统的认识，并快速掌握PC端店铺首页的设计规范和制作方法，成功制作一个具有品牌影响力的PC端店铺首页。

学习目标

- 了解店铺首页的基本概念。
- 熟悉店铺首页的设计模块。

技能目标

- 掌握设计店招与导航栏的方法。
- 掌握设计轮播海报的方法。
- 掌握设计优惠券的方法。
- 掌握设计分类模块的方法。
- 掌握设计商品展示的方法。
- 掌握设计底部信息的方法。
- 掌握设计模块合并的方法。

店铺首页是消费者进入店铺看到的第一张展示页面，具有展现品牌形象、承担流量分发的功能。视觉精美的店铺首页，不但可以提升消费者对店铺的好感，还可以提高商品成交转化率，因此需要网店美工用心设计，如图 6-1 所示。

（a）上半部分　　　　　（b）中间部分　　　　　（c）下半部分

图 6-1

6.1　店招与导航栏设计

微课视频

店招与导航栏设计

店招与导航栏位于店铺页面顶部，在 PC 端的任何页面都可以看到。店招即店铺的招牌，主要用于展示店铺品牌、活动内容和特价商品等内容。以淘宝为例，店招可以分为常规店招和通栏店招两类。常规店招尺寸为 950 像素 ×120 像素，效果如图 6-2 所示；通栏店招包含店招、导航栏和背景，尺寸建议为 1920 像素 ×150 像素，效果如图 6-3 所示。精心设计的店招可以起到品牌宣传，加深印象的作用。导航栏则是对商品进行分类，用于帮助消费者定位到当前位置、完成页面之间的跳转并快速找到商品，导航栏高度通常为 10～50 像素，建议设置为 30 像素；导航栏字体建议为黑体和宋体，字号建议为 14 像素、16 像素，宋体为 12 像素、14 像素；文字间距建议为 20 像素。

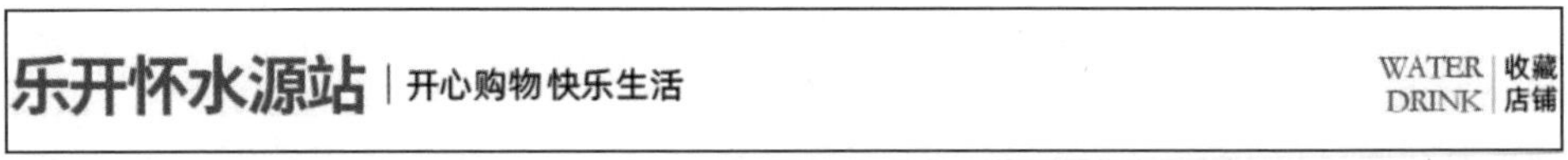

图 6-2

图 6-3

下面为制作家居网店首页店招与导航栏的方法，在设计过程中，我们围绕店铺基本信息与产品分类进行创意。将背景设置为纯色，使内容清晰易读。色彩选取灰色和中蓝色体现舒适环保，字体选用黑体呼应主题。搭配产品实物图片，使人一目了然。最终效果参考"云盘 /Ch06/6.1 店招与导航栏设计 / 工程文件 .psd"，如图 6-4 所示，具体操作步骤如下。

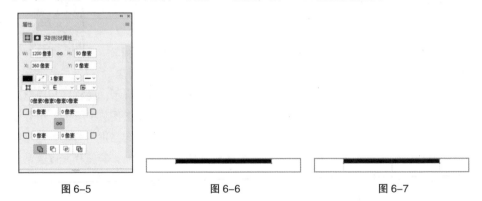

图 6-4

（1）按 Ctrl+N 组合键，弹出"新建文档"对话框，设置宽度为 1920 像素，高度为 150 像素，分辨率为 72 像素 / 英寸，颜色模式为 RGB，背景内容为白色，单击"创建"按钮，新建一个文件。

（2）选择"矩形"工具 □，在属性栏的"选择工具模式"选项中选择"形状"，将"填充"颜色设置为黑色，"描边"颜色设置为无。在图像窗口中的适当位置绘制矩形，在"图层"控制面板中生成新的形状图层"矩形 1"。选择"窗口 > 属性"命令，弹出"属性"面板，在面板中进行设置，如图 6-5 所示，效果如图 6-6 所示。

（3）按 Ctrl+R 组合键，显示标尺。选择"视图 > 对齐到 > 全部"命令。在图像窗口左侧标尺上单击鼠标并水平向右拖曳，在矩形左侧锚点的位置松开鼠标，完成参考线的创建。使用相同的方法，在矩形右侧锚点和中心点的位置分别创建参考线，效果如图 6-7 所示。在"图层"控制面板中选中"矩形 1"图层，按 Delete 键将其删除。

图 6-5   图 6-6   图 6-7

（4）选择"视图 > 新建参考线"命令，弹出"新建参考线"对话框，在 120 像素的位置新建一条水平参考线，设置如图 6-8 所示。单击"确定"按钮，完成参考线的创建。

（5）选择"矩形"工具 □，在属性栏的"选择工具模式"选项中选择"形状"，将"填充"颜色设置为浅灰色（241、241、241），"描边"颜色设置为无。在图像窗口中绘制一个矩形，如图 6-9 所示，在"图层"控制面板中生成新的形状图层"矩形 1"。

图 6-8　　　　　　　　　　　　　　图 6-9

（6）选择"文件 > 置入嵌入对象"命令，弹出"置入嵌入的对象"对话框，选择云盘中的"Ch06 > 6.1 店招与导航栏设计 > 素材 > 01"文件，单击"置入"按钮，将图片置入图像窗口，并将其拖曳到适当的位置，按回车键确定操作，如图 6-10 所示，在"图层"控制面板中生成新的图层并将其命名为"Logo"。

（7）选择"直线"工具 ／，在属性栏中将"填充"颜色设置为无，"描边"颜色设置为中蓝色（15、121、131），"粗细"选项设置为 2 像素。按住 Shift 键的同时，在适当的位置绘制直线，如图 6-11 所示，在"图层"控制面板中生成新的形状图层"形状 1"。

（8）选择"横排文字"工具 T，在适当的位置分别输入需要的文字并选取文字。选择"窗口 > 字符"命令，打开"字符"面板，将"颜色"设置为深灰色（16、16、16）和中蓝色（15、121、131），并设置合适的字体和字号，效果如图 6-12 所示，在"图层"控制面板中分别生成新的文字图层。

图 6-10　　　　　　　　图 6-11　　　　　　　　　　图 6-12

（9）使用相同的方法置入"02"图片，如图 6-13 所示，在"图层"控制面板中生成新的图层并将其命名为"实木布艺沙发"。单击"图层"控制面板下方的"创建新的填充或调整图层"按钮 ◑，在弹出的菜单中选择"亮度 / 对比度"命令，在"图层"控制面板中生成"亮度 / 对比度 1"图层，同时弹出"亮度 / 对比度"面板，单击"此调整影响下面的所有图层"按钮 ⧉ 使其显示为"此调整剪切到此图层"按钮 ⧉，其他选项设置如图 6-14 所示，按回车键确定操作，效果如图 6-15 所示。

（10）使用上述的方法分别绘制形状并输入文字，效果如图 6-16 所示，在"图层"控制面板中分别生成新的图层。按住 Shift 键的同时，单击"矩形 1"图层，将需要的图层全部选中。按 Ctrl+G 组合键，群组图层并将其命名为"店招"，如图 6-17 所示。

图 6-13   图 6-14

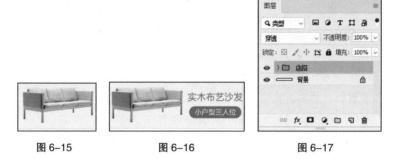

图 6-15   图 6-16   图 6-17

（11）选择"矩形"工具 ▢，在属性栏中将"填充"颜色设置为淡灰色（234、235、239），"描边"颜色设置为无。在图像窗口中绘制一个矩形，在"图层"控制面板中生成新的形状图层"矩形 2"。使用上述方法分别绘制形状并输入文字，效果如图 6-18 所示，在"图层"控制面板中分别生成新的图层。

图 6-18

（12）按住 Shift 键的同时，单击"矩形 2"图层，将需要的图层全部选中。按 Ctrl+G 组合键，群组图层并将其命名为"导航栏"，如图 6-19 所示。按住 Shift 键的同时，单击"店招"图层组，将需要的图层组全部选中。按 Ctrl+G 组合键，群组图层组并将其命名为"店招导航"，如图 6-20 所示。店招与导航栏制作完成。

图 6-19   图 6-20

6.2 轮播海报设计

微课视频

轮播海报设计

轮播海报即多张海报循环播放，通常位于首页店招和导航栏下方，主要用于进行产品宣传和活动促销等内容的展示。优秀的轮播海报会对每张海报的主题、构图和配色等因素进行综合考虑和设计，如图 6-21 所示。轮播海报的尺寸可以依据 4.1 节中的 PC 端全屏海报和 PC 端常规海报的建议尺寸进行设计。其他设计规则可以依据 4.2 节中的设计形式进行设计。

（a）左右布局轮播海报　　　　　　　　　（b）上下布局轮播海报

图 6-21

在设计制作家居网店首页轮播海报的过程中，我们结合店招导航，围绕主体物餐桌椅进行创意。背景为产品实拍图，文字色彩选取褐色、灰色和玫红色，传达稳重、高级和温馨的感受，最终效果参考"云盘 /Ch06/6.2 轮播海报设计 / 工程文件 .psd"，如图 6-22 所示。具体操作步骤如下。

图 6-22

（1）按 Ctrl+O 组合键，弹出"打开文件"对话框，选择云盘中的"Ch06>6.2 轮播海报设计 > 工程文件 .psd"文件，如图 6-23 所示。

（2）使用上述方法，分别新建距离页面左边缘 360 像素、居中于页面及距离页面右边缘 360 像素的三条垂直参考线。

（3）选择"矩形"工具　，在属性栏的"选择工具模式"选项中选择"形状"，将"填充"颜色设置为浅灰色（229、229、229），"描边"颜色设置为无。在图像窗口中绘制一个与页面大小相等的矩形，如图 6-24 所示，在"图层"控制面板中生成新的形状图层"矩形 1"。

图 6-23　　　　　　　　　　　　　图 6-24

（4）选择"文件 > 置入嵌入对象"命令，弹出"置入嵌入的对象"对话框，选择云盘中的"Ch06 > 6.2 轮播海报设计 > 素材 > 01"文件，单击"置入"按钮，将图片置入图像窗口，将其拖曳到适当的位置并调整大小，按回车键确定操作，在"图层"控制面板中生成新的图层并将其命名为"餐桌椅"，按 Alt+Ctrl+G 组合键，为图层创建剪贴蒙版，效果如图 6-25 所示。

（5）选择"视图 > 新建参考线"命令，弹出"新建参考线"对话框，在 60 像素的位置建立一条水平参考线，设置如图 6-26 所示，单击"确定"按钮。使用相同的方法，在 746 像素的位置再次新建一条水平参考线。

（6）选择"圆角矩形"工具 ⬜，在属性栏中将"填充"颜色设置为淡灰色（204、205、212），"描边"颜色设置为无，"半径"选项设置为 20 像素，在图像窗口中绘制一个圆角矩形，在"图层"控制面板中生成新的形状图层"圆角矩形 1"。在"图层"控制面板上方，设置"不透明度"选项为 50%，效果如图 6-27 所示。

图 6-25　　　　　　　　　图 6-26　　　　　　　图 6-27

（7）选择"横排文字"工具 T，在适当的位置输入需要的文字并选取文字。选择"窗口 > 字符"命令，打开"字符"面板，将"颜色"设置为浅褐色（118、95、76），并设置合适的字体和字号，效果如图 6-28 所示。使用相同的方法，分别输入其他文字，设置填充颜色分别为深灰色（77、77、77）和玫红色（243、58、79），并分别设置合适的字体和字号，效果如图 6-29 所示，在"图层"控制面板中分别生成新的文字图层。

（8）按住 Shift 键的同时，单击"矩形 1"图层，将需要的图层同时选取。按 Ctrl+G 组合键，群组图层并将其命名为"轮播海报 2"，如图 6-30 所示。按住 Shift 键的同时，单击"轮播海报 1"图层组，将需要的图层组全部选中。按 Ctrl+G 组合键，群组图层组并将其命名为"轮播海报"，如图 6-31 所示。轮播海报制作完成。

图 6-28　　　　　图 6-29　　　　　图 6-30　　　　　图 6-31

6.3 优惠券设计

优惠券即减价优惠，通常位于首页轮播海报下方，是店铺常用的促销方式，也是吸引消费者进行二次消费的常用策略。优惠券可以起到提高消费者的购买欲望、刺激消费的作用，如图 6-32 所示。

（a）纵向优惠券　　　　　　　　　　　　（b）横向优惠券

图 6-32

在设计制作家居网店首页优惠券的过程中，我们结合轮播海报，围绕店铺优惠活动进行创意。将背景设置为纯色，使内容清晰易读。色彩选取中蓝色、灰色和中黄色分别体现清新、稳重和舒适的观感。优惠券信息以标签的形式出现，具有醒目、直观的特点。最终效果参考"云盘 /Ch06/6.3 优惠券设计 / 工程文件 .psd"，如图 6-33 所示。具体操作步骤如下。

图 6-33

（1）按 Ctrl+N 组合键，弹出"新建文档"对话框，设置宽度为 1920 像素，高度为 602 像素，分辨率为 72 像素 / 英寸，颜色模式为 RGB，背景内容为白色，单击"创建"按钮，新建一个文件。

（2）使用上述方法，分别新建距离页面左边缘 360 像素、居中于页面及距离页面右边缘 360 像素的三条垂直参考线。

（3）选择"矩形"工具 □，在属性栏的"选择工具模式"选项中选择"形状"，将"填充"颜色设置为浅灰色（241、241、241），"描边"颜色设置为无。在图像窗口中绘制一个与页面人小相等的矩形，如图 6-34 所示，在"图层"控制面板中生成新的形状图层"矩形 1"。

（4）选择"视图 > 新建参考线"命令，弹出"新建参考线"对话框，在 56 像素的位置新建一条水平参考线，设置如图 6-35 所示，单击"确定"按钮。使用相同的方法，在 136 像素的位置再次新建一条水平参考线。

（5）选择"横排文字"工具 T，在适当的位置分别输入需要的文字并选取文字。选择"窗口 > 字符"命令，打开"字符"面板，将"颜色"设置为深灰色（29、29、29）和淡灰色（135、135、135），并设置合适的字体和字号，效果如图 6-36 所示，在"图层"控制面板中分别生成新的文字图层。

图 6-34　　　　　　　　　图 6-35　　　　　　　　　图 6-36

（6）选择"椭圆"工具 ○，按住 Shift 键的同时，在图像窗口中绘制一个圆形，在属性栏中将"填充"颜色设置为中黄色（251、198、73），"描边"颜色设置为无，如图 6-37 所示，在"图层"控制面板中生成新的形状图层"椭圆 1"。使用相同的方法，再次绘制一个圆形，在属性栏中将"填充"颜色设置为无，"描边"颜色设置为中蓝色（120、177、197），"粗细"选项设置为 4 像素，如图 6-38 所示，在"图层"控制面板中生成新的形状图层"椭圆 2"。

（7）选择"移动"工具 ⊕，按住 Shift 键的同时，选取绘制的两个圆形。按住 Alt+Shift 组合键的同时，水平向右拖曳形状到适当的位置，复制圆形，在"图层"控制面板中生成新的形状图层"椭圆 1 拷贝"和"椭圆 2 拷贝"。按 Ctrl+T 组合键，在形状周围出现变换框，在变换框内单击鼠标右键，在弹出的菜单中选择"水平翻转"命令，翻转形状，效果如图 6-39 所示。

（8）按住 Shift 键的同时，单击"购物领券"图层，将需要的图层全部选中。按 Ctrl+G 组合键，群组图层并将其命名为"标题"。

（9）使用上述方法新建两条水平参考线。选择"圆角矩形"工具 □，在属性栏中将"填充"颜色设置为黑色，"描边"颜色设置为无，"半径"选项设置为 30 像素，在图像窗口中绘制一个圆角矩形，效果如图 6-40 所示，在"图层"控制面板中生成新的形状图层"圆角矩形 1"。

图 6-37 　　　　　　 图 6-38 　　　　　　 图 6-39 　　　　　　 图 6-40

（10）单击"图层"控制面板下方的"添加图层样式"按钮 fx.，在弹出的菜单中选择"渐变叠加"命令，弹出"渐变叠加"对话框，单击"渐变"选项右侧的"点按可编辑渐变"按钮 ，弹出"渐变编辑器"对话框，在"位置"选项中分别输入 0、100 两个位置点，分别设置两个位置点颜色的 RGB 值为 0（119、176、196）、100（210、228、241），如图 6-41 所示，单击"确定"按钮。返回"渐变叠加"对话框，其他选项的设置如图 6-42 所示，单击"确定"按钮，效果如图 6-43 所示。

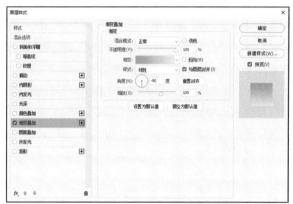

图 6-41 　　　　　　　　　　　　　　 图 6-42

图 6-43

（11）选择"圆角矩形"工具 ，在图像窗口中绘制一个圆角矩形，在属性栏中将"填充"颜色设置为浅灰色（241、241、241），"描边"颜色设置为无，"半径"选项设置为 20 像素，如图 6-44 所示。选择"窗口＞属性"命令，弹出"属性"面板，在面板中进行设置，如图 6-45 所示，效果如图 6-46 所示，在"图层"控制面板中生成新的形状图层"圆角矩形 2"。

（12）选择"椭圆"工具 ◯，单击"路径操作"按钮 ◻，在弹出的菜单中选择"合并形状"选项，在适当的位置绘制一个椭圆形，效果如图 6-47 所示。

（13）选择"横排文字"工具 T，在适当的位置输入需要的文字并选取文字。在"字符"面板中，将"颜色"设置为黑色，并设置合适的字体和字号，效果如图 6-48 所示，在"图层"控制面板中生成新的文字图层。使用上述方法分别绘制形状并输入文字，效果如图 6-49 所示，在"图层"控制面板中分别生成新的图层。

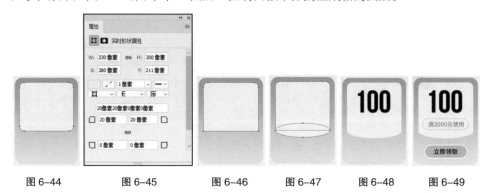

图 6-44   图 6-45   图 6-46   图 6-47   图 6-48   图 6-49

（14）按住 Shift 键的同时，单击"圆角矩形 1"图层，将需要的图层全部选中。按 Ctrl+G 组合键，群组图层并将其命名为"券 1"，如图 6-50 所示。

（15）使用上述方法分别绘制圆角矩形并输入文字，效果如图 6-51 所示，在"图层"控制面板中分别生成新的图层组。按住 Shift 键的同时，单击"矩形 1"图层，将需要的图层全部选中。按 Ctrl+G 组合键，群组图层并将其命名为"优惠券"，如图 6-52 所示。优惠券制作完成。

图 6-50   图 6-51   图 6-52

6.4　分类模块设计

微课视频

分类模块设计

分类模块即店铺商品的类别，通常位于店铺首页轮播海报或优惠券下方，是用于引导消费者购买商品的重要模块。优秀的分类模块能够起到提升购买效率、增强用户体验的作用，如图6-53所示。

（a）文本型分类模块

（b）图片型分类模块

（c）图标型分类模块

图6-53

在设计制作家居网店首页分类模块的过程中，我们结合轮播海报，围绕店铺商品分类进行创意。将背景设置为纯色，令内容清晰易读。色彩延用优惠券模块中的配色。图标采用与家居相关的线性图标，呈现简约精致的特点，整体排版简洁清晰，最终效果参考"云盘/Ch06/6.4分类模块设计/工程文件.psd"，如图6-54所示，具体操作步骤如下。

（1）按Ctrl+N组合键，弹出"新建文档"对话框，设置宽度为1920像素，高度为1122像素，分辨率为72像素/英寸，颜色模式为RGB，背景内容为白色，单击"创建"按钮，新建一个文件。

（2）使用上述方法，分别新建距离页面左边缘360像素、居中于页面及距离页面右边缘360像素的三条垂直参考线。

图 6-54

（3）选择"矩形"工具▢，在属性栏的"选择工具模式"选项中选择"形状"，将"填充"颜色设置为浅灰色（241、241、241），"描边"颜色设置为无。在图像窗口中绘制一个与页面大小相等的矩形，如图 6-55 所示，在"图层"控制面板中生成新的形状图层"矩形 1"。

（4）选择"圆角矩形"工具▢，在图像窗口中绘制一个圆角矩形，在"图层"控制面板中生成新的形状图层"圆角矩形 1"。在属性栏中将"填充"颜色设置为白色，"描边"颜色设置为无。选择"窗口 > 属性"命令，弹出"属性"面板，在面板中进行设置，如图 6-56 所示，按回车键确定操作，效果如图 6-57 所示。

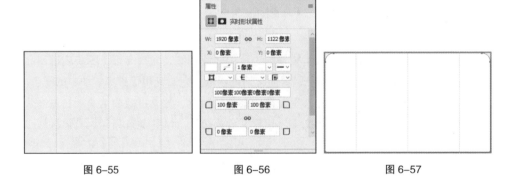

图 6-55   图 6-56   图 6-57

（5）选择"视图 > 新建参考线"命令，弹出"新建参考线"对话框，在 56 像素的位置新建一条水平参考线，设置如图 6-58 所示，单击"确定"按钮。使用相同的方法，在 136 像素的位置再次新建一条水平参考线。使用上述方法，分别绘制图形并输入文字，效果如图 6-59 所示，在"图层"控制面板中生成新的图层组"标题"。

（6）使用上述方法再次新建两条水平参考线。选择"矩形"工具 ▢，在属性栏中，将"填充"颜色设置为浅灰色（241、241、241），"描边"颜色设置为无。在图像窗口中绘制一个矩形，如图6-60所示，在"图层"控制面板中生成新的形状图层"矩形2"。

（7）选择"文件 > 置入嵌入对象"命令，弹出"置入嵌入的对象"对话框，选择云盘中的"Ch06 > 6.4 分类模块设计 > 素材 > 01"文件，单击"置入"按钮，将图片置入图像窗口，将其拖曳到适当的位置并调整大小，按回车键确定操作，在"图层"控制面板中生成新的图层并将其命名为"单人沙发"。按 Alt+Ctrl+G 组合键，为图层创建剪贴蒙版，效果如图6-61所示。

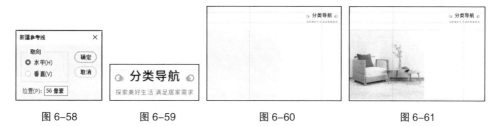

图 6-58　　　　图 6-59　　　　　图 6-60　　　　　　图 6-61

（8）选择"横排文字"工具 T，在适当的位置输入需要的文字并选取文字。在"字符"面板中，将"颜色"设置为中黑色（29、29、29），并设置合适的字体和字号，效果如图6-62所示，在"图层"控制面板中生成新的文字图层。

（9）使用上述方法置入"02"图标，如图6-63所示，在"图层"控制面板中生成新的图层并将其命名为"打开"。使用上述方法分别绘制形状并置入"03"图片，如图6-64所示，在"图层"控制面板中分别生成新的图层。

图 6-62　　　　图 6-63　　　　　　　　图 6-64

（10）单击"图层"控制面板下方的"创建新的填充或调整图层"按钮 ◑，在弹出的菜单中选择"色彩平衡"命令，在"图层"控制面板中生成"色彩平衡1"图层，同时弹出"色彩平衡"面板，单击"此调整影响下面的所有图层"按钮 ⬚ 使其显示为"此调整剪切到此图层"按钮 ⬚，其他选项设置如图6-65所示，按回车键确定操作，效果如图6-66所示。使用上述方法分别输入文字、绘制形状并添加渐变叠加效果，如图6-67所示，在"图层"控制面板中分别生成新的图层。

图 6-65　　　　　　　　图 6-66　　　　　　　　图 6-67

（11）使用上述方法分别输入文字并置入图标，效果如图 6-68 所示，在"图层"控制面板中分别生成新的图层。按住 Shift 键的同时，单击"矩形 3"图层，将需要的图层全部选中。按 Ctrl+G 组合键，群组图层并将其命名为"桌子系列"，如图 6-69 所示。使用上述方法分别制作其他图层组，效果如图 6-70 所示。在"图层"控制面板中分别生成新的图层组。

图 6-68　　　　　　　　　　　　图 6-69

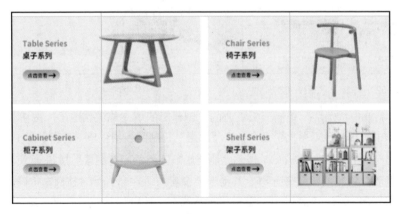

图 6-70

（12）按住 Shift 键的同时，单击"矩形 2"图层，将需要的图层同时选取。按 Ctrl+G 组合键，群组图层并将其命名为"分类"。使用上述方法，分别建立参考线、置入图标并绘制形状，效果如图 6-71 所示，在"图层"控制面板中生成新的图层组"图标"。

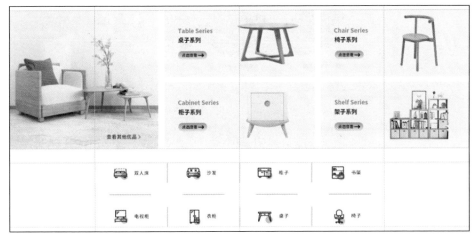

图 6-71

（13）按住 Shift 键的同时，单击"矩形 1"图层，将需要的图层全部选中。按 Ctrl+G 组合键，群组图层并将其命名为"分类模块"，如图 6-72 所示。分类模块制作完成。

图 6-72

6.5 商品展示设计

微课视频

商品展示设计

商品展示即店铺商品的展示区域，通常位于店铺首页优惠券或分类模块下方，是用于向消费者展示爆款商品、新上商品和推荐商品等内容的模块。商品展示的布局通常分为整体模块布局、主次模块布局和自由模块布局，如图 6-73 所示。优秀的商品展示模块可以起到引导消费者购买、促进商品销售的作用。

（a）整体模块布局

（b）主次模块布局　　　　　　　　　　（c）自由模块布局

图 6-73

在设计制作家居网店首页商品展示的过程中，我们结合轮播海报，围绕店铺热销产品进行创意。将背景设置为纯色和渐变色，使内容清晰易读。色彩延用优惠券模块中的配色。整体排版整齐有序，一目了然，最终效果参考"云盘 /Ch06/6.5 商品展示设计 / 工程文件 .psd"，如图 6-74 所示，具体操作步骤如下。

图 6-74

（1）按 Ctrl+N 组合键，弹出"新建文档"对话框，设置宽度为 1920 像素，高度为 4340 像素，分辨率为 72 像素 / 英寸，颜色模式为 RGB，背景内容为白色，单击"创建"按钮，新建一个文件。

（2）使用上述方法，分别新建距离页面左边缘 360 像素、居中于页面及距离页面右边缘 360 像素的三条垂直参考线。

（3）选择"视图 > 新建参考线"命令，弹出"新建参考线"对话框，在 1238 像素的位置新建一条水平参考线，设置如图 6-75 所示，单击"确定"按钮。

（4）选择"圆角矩形"工具 ，在属性栏的"选择工具模式"选项中选择"形状"，将"填充"颜色设置为浅灰色（241、241、241），"描边"颜色设置为无，"半径"选项设置为 100 像素。在图像窗口中绘制一个圆角矩形，在"图层"控制面板中生成新的形状图层"圆角矩形 1"。选择"窗口 > 属性"命令，弹出"属性"面板，在面板中进行设置，如图 6-76 所示，按回车键确定操作，效果如图 6-77 所示。

| 图 6-75 | 图 6-76 | 图 6-77 |

（5）使用上述方法，分别创建参考线、绘制图形并输入文字，效果如图 6-78 所示，在"图层"控制面板中生成新的图层组"标题"。

（6）使用上述方法再次新建两条水平参考线。选择"矩形"工具 ，在属性栏中，将"填充"颜色设置为淡灰色（225、222、217），"描边"颜色设置为无。在图像窗口中绘制一个矩形，如图 6-79 所示，在"图层"控制面板中生成新的形状图层"矩形 1"。

（7）选择"文件 > 置入嵌入对象"命令，弹出"置入嵌入的对象"对话框，选择云盘中的"Ch06 > 6.5 商品展示设计 > 素材 > 01"文件，单击"置入"按钮，将图片置入图像窗口，将其拖曳到适当的位置并调整大小，按回车键确定操作，在"图层"控制面板中生成新的图层并将其命名为"装饰柜"。按 Alt+Ctrl+G 组合键，为图层创建剪贴蒙版，效果如图 6-80 所示。

| 图 6-78 | 图 6-79 | 图 6-80 |

（8）使用上述方法新建两条水平参考线。选择"横排文字"工具 **T.**，在适当的位置输入需要的文字并选取文字。选择"窗口 > 字符"命令，打开"字符"面板，将"颜色"设置为中蓝色（15、121、131）和淡灰色（135、135、135），并设置合适的字体和字号，效果如图 6-81 所示，在"图层"控制面板中生成新的文字图层。使用上述方法分别绘制形状并置入图标，效果如图 6-82 所示，在"图层"控制面板中分别生成新的图层。

（9）按住 Shift 键的同时，单击"矩形 1"图层，将需要的图层全部选中。按 Ctrl+G 组合键，群组图层并将其命名为"装饰柜"。使用上述方法分别绘制图形、置入图片并输入文字，效果如图 6-83 所示，在"图层"控制面板中分别生成新的图层组。按住 Shift 键的同时，单击"圆角矩形 1"图层，将需要的图层全部选中。按 Ctrl+G 组合键，群组图层并将其命名为"热卖 TOP"，如图 6-84 所示。

图 6-81　　　　　　　　　　　　　图 6-82

图 6-83

图 6-84

（10）使用上述方法新建两条水平参考线，分别绘制图形并输入文字，效果如图 6-85 所示，在"图层"控制面板中生成新的图层组"标题"。使用上述方法分别新建参考线、绘制图形、置入图片并输入文字，效果分别如图 6-86 和图 6-87 所示，在"图层"控制面板中分别生成新的图层组。

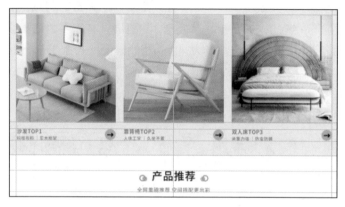

图 6-85

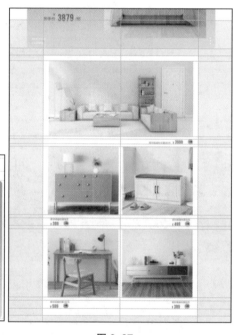

图 6-86 　　　　　　　　　　　　　　图 6-87

（11）按住 Shift 键的同时，单击"标题"图层组，将需要的图层组全部选中。按 Ctrl+G 组合键，群组图层组并将其命名为"产品推荐"，如图 6-88 所示。按住 Shift 键的同时，单击"热卖 TOP"图层组，将需要的图层组全部选中。按 Ctrl+G 组合键，群组图层组并将其命名为"商品展示"，如图 6-89 所示。商品展示制作完成。

图 6-88　　　　　　　　　　　图 6-89

6.6　底部信息设计

　　底部信息即店铺其他信息展示，通常位于店铺首页的最下方，用于展示店铺品牌故事、购物须知和店铺公告等信息，底部信息可以起到补充说明的作用，如图 6-90 所示。

图 6-90

　　在设计制作家居网店首页底部信息的过程中，我们结合轮播海报，围绕店铺简介进行创意。背景为商品实拍图，凸显网店经营内容。色彩沿用商品展示模块中的配色。底部按钮醒目，方便消费者点击。最终效果参考"云盘 /Ch06/6.6 底部信息设计 / 工程文件 .psd"，如图 6-91 所示，具体操作步骤如下。

图 6-91

（1）按 Ctrl+N 组合键，弹出"新建文档"对话框，设置宽度为 1920 像素，高度为 1124 像素，分辨率为 72 像素 / 英寸，颜色模式为 RGB，背景内容为白色，单击"创建"按钮，新建一个文件。

（2）使用上的方法，分别新建距离页面左边缘 360 像素、居中于页面及距离页面右边缘 360 像素的三条垂直参考线。

（3）选择"视图 > 新建参考线"命令，弹出"新建参考线"对话框，在 1042 像素的位置建立水平参考线，设置如图 6-92 所示。单击"确定"按钮，完成参考线的创建。

（4）选择"矩形"工具 □ ，在属性栏的"选择工具模式"选项中选择"形状"，将"填充"颜色设置为黑色，"描边"颜色设置为无。在图像窗口中绘制一个矩形，如图 6-93 所示，在"图层"控制面板中生成新的形状图层"矩形 1"。

（5）选择"文件 > 置入嵌入对象"命令，弹出"置入嵌入的对象"对话框，选择云盘中的"Ch06 > 6.6 底部信息设计 > 素材 > 01"文件，单击"置入"按钮，将图片置入图像窗口，将其拖曳到适当的位置并调整大小，按回车键确定操作，在"图层"控制面板中生成新的图层并将其命名为"沙发椅"。按 Alt+Ctrl+G 组合键，为图层创建剪贴蒙版，效果如图 6-94 所示。

图 6-92　　　　　　　　图 6-93　　　　　　　　图 6-94

（6）使用上述方法新建两条水平参考线。选择"圆角矩形"工具 □ ，在属性栏中，将"填充"颜色设置为黑色，"描边"颜色设置为无，"半径"选项设置为 60 像素。在图像窗口中绘制一个圆角矩形，如图 6-95 所示，在"图层"控制面板中生成新的形状图层"圆角矩形 1"。使用上述方法置入"02"图像，在"图层"控制面板中生成新的图层并将其命名为"沙发"。按 Alt+Ctrl+G 组合键，为图层创建剪贴蒙版，效果如图 6-96 所示。

（7）使用上述方法置入"03"图像，在"图层"控制面板中生成新的图层并将其命名为"logo"。选择"横排文字"工具 T. ，在适当的位置输入需要的文字并选取文字。选择"窗口 > 字符"命令，打开"字符"面板，将"颜色"设置为白色，并设置合适的字体和字号，效果如图 6-97 所示，在"图层"控制面板中生成新的文字图层。

（8）选择"矩形"工具 □ ，在属性栏中，将"填充"颜色设置为浅灰色（234、235、239），"描边"颜色设置为无。在图像窗口中绘制一个矩形，如图 6-98 所示，在"图层"控制面板中生成新的形状图层"矩形 2"。

图 6-95

图 6-96

图 6-97

图 6-98

（9）使用上述方法新建两条水平参考线。选择"圆角矩形"工具 □ ，在属性栏中，将"填充"颜色设置为黑色，"描边"颜色设置为无，"半径"选项设置为20像素。在图像窗口中绘制一个圆角矩形，如图 6-99 所示，在"图层"控制面板中生成新的形状图层"圆角矩形 2"。

（10）使用上述方法为形状添加渐变效果并输入文字，效果如图 6-100 所示，在"图层"控制面板中生成新的文字图层。按住 Shift 键的同时，单击"矩形 1"图层，将需要的图层全部选中。按 Ctrl+G 组合键，群组图层并将其命名为"底部信息"，如图 6-101 所示。底部信息制作完成。

图 6-99

图 6-100

图 6-101

6.7 模块合并设计

微课视频

模块合并设计

制作完成各个模块后，需要将模块合并，构成一张完整的首页。下面为制作家居网店首页模块合并的方法，最终效果参考"云盘 / Ch06/6.7 模块合并设计 / 工程文件 .psd"，如图 6-102 所示，具体操作步骤如下。

扫一扫

扫码观看完整版长图

图 6-102

（1）按 Ctrl+N 组合键，弹出"新建文档"对话框，设置宽度为 1920 像素，高度为 8138 像素，分辨率为 72 像素 / 英寸，颜色模式为 RGB，背景内容为白色，单击"创建"按钮，新建一个文件。

（2）按 Ctrl+O 组合键，弹出"打开文件"对话框，选择云盘中的"Ch06 > 6.1 店招导航设计 > 工程文件 .psd"文件，单击"打开"按钮，打开文件。拖曳文件中的"店招与导航栏"图层组到新建的图像窗口中的适当位置，如图 6-103 所示。使用相同的方法，分别合并上述制作完成的模块到新建的图像窗口中，"图层"控制面板中的顺序如图 6-104 所示。整体效果制作完成。

图 6-103

图 6-104

6.8 课堂实训——PC端数码产品店铺首页设计

1. 案例分析

本实训通过设计PC端数码产品店铺首页，明确当下数码产品行业店铺首页的设计风格并帮助读者掌握店铺首页的设计要点与制作方法。

2. 设计理念

在设计过程中，围绕主体物头戴式耳机进行创意。背景为渐变色、纯色与图片相结合的形式，增加多种元素实现点缀效果。色彩选取亮蓝色、深紫色和玫红色分别体现了科技、时尚和质感的特点。字体选用方正创意美术体和黑体起到呼应主题的作用。采用黄金比例分割的左右构图表现和谐美感。图标采用与数码产品相关的线性图标，体现了简约精致的特点，整体设计充满特色，契合主题。最终效果参考"云盘/Ch06/6.8课堂实训——PC端数码产品店铺首页设计/工程文件.psd"，如图6-105所示。

微课视频
PC端数码产品店铺
首页设计1

PC端数码产品店铺
首页设计2

微课视频
PC端数码产品店铺
首页设计3

微课视频
PC端数码产品店铺
首页设计4

微课视频
PC端数码产品店铺
首页设计5

微课视频
PC端数码产品店铺
首页设计6

3. 知识要点

使用形状工具绘制背景及辅助图形，使用"置入嵌入对象"命令置入图像，使用"添加图层样式"命令为图形添加效果，使用文字工具输入文字内容，使用"创建剪贴蒙版"命令调整图片显示区域。

图6-105

扫一扫
扫码观看完整版长图

6.9 课后习题——PC 端护肤品店铺首页设计

1. 案例分析

本习题通过设计 PC 端护肤品店铺首页，明确当下护肤品行业店铺首页的设计风格并掌握店铺首页的设计要点与制作方法。

2. 设计理念

在设计过程中，围绕主体物护肤品进行创意。背景为渐变色、纯色与图片相结合的形式，营造出时尚的氛围。色彩选取灰色、金色渐变和黑色分别体现舒适、高端和大气的特点。字体选用黑体起到呼应主题的作用。采用黄金比例分割的左右构图表现和谐美感。整体设计充满特色，契合主题。最终效果参考"云盘 /Ch06/6.9 课后习题——PC 端护肤品店铺首页设计 / 工程文件 .psd"，如图 6-106 所示。

微课视频
PC 端护肤品店铺
首页设计 1

微课视频
PC 端护肤品店铺
首页设计 2

微课视频
PC 端护肤品店铺
首页设计 3

微课视频
PC 端护肤品店铺
首页设计 4

3. 知识要点

使用形状工具绘制背景及辅助图形，使用"置入嵌入对象"命令置入图像，使用"添加图层样式"命令为图形添加效果，使用文字工具输入文字内容，使用"创建剪贴蒙版"命令调整图片显示区域。

图 6-106

扫一扫

扫码观看完整版长图

第7章 手机端店铺首页设计

随着移动互联网的发展及普及，消费者在手机端电商平台进行网购已经成为普遍现象。因此，手机端店铺首页的设计对于所有商家而言都至关重要，是网店美工设计任务中的核心工作。本章针对手机端店铺的基本概述和首页模块设计等基础知识进行系统讲解，并针对流行风格和典型行业的手机端店铺首页进行设计演练。通过本章的学习，读者可以对手机端店铺首页的设计有一个系统的认识，并快速掌握手机端店铺首页的设计规范和制作方法，成功制作出具有强大吸引力的手机端店铺首页。

学习目标

- 掌握手机端店铺基本概述。
- 熟悉手机端店铺首页模块设计。

技能目标

- 掌握设计轮播海报的方法。
- 掌握设计优惠券的方法。
- 掌握设计分类模块的方法。
- 掌握设计商品展示的方法。
- 掌握设计底部信息的方法。
- 掌握设计模块合并的方法。

7.1 手机端店铺基本概述

如今消费者在手机端网购已经成为普遍现象。手机端购物的便利性和普遍性，促使各大商家大力发展手机端店铺。下面分别从手机端店铺设计的必要性、手机端与 PC 端店铺设计的区别和手机端店铺设计的关键点三个方面进行手机端店铺基础知识的讲解，帮助网店美工了解手机端店铺的设计。

↘ 7.1.1 手机端店铺设计的必要性

随着移动互联网的发展及普及，大众使用移动设备上网的时间远远超过使用电脑设备。淘宝、京东、一条等各大电商平台适应时代趋势，相继开发移动端 App，便于广大消费者使用移动设备进行网购。由于移动设备方便灵活的特点，极大地满足了消费者可以随时随地进行网购的需求。如今，消费者通过移动设备进行网购的趋势日益凸显，甚至在重大节假日，通过手机端进行购物的消费者已经远超 PC 端。因此，手机端店铺的设计与装修对于所有商家而言都至关重要，图 7-1 所示为设计精美的手机端店铺。

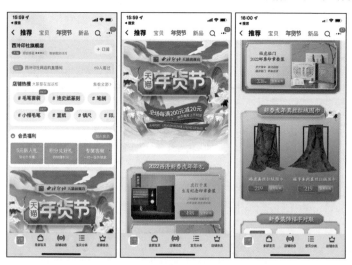

图 7-1

↘ 7.1.2 手机端与PC端店铺设计的区别

在店铺设计与装修过程中，部分网店美工会把 PC 端店铺的图片直接运用到手机端店铺中，这会产生尺寸不合适和呈现效果不理想等问题。手机端店铺的设计看似简单，但是有许多细节要求，对最终的商品成交起着关键作用。下面分别对手机端和 PC 端的区别进行介绍。

1. 设计尺寸不同

手机端店铺和 PC 端店铺的设计尺寸大不相同，因此不能将设计好的 PC 端店铺图片直接应用到手机端店铺，否则会引发界面混乱、显示不完整和呈现效果不佳等问题。以店铺首页为例，手机端店铺首页的宽度通常设计为 1200 像素，而 PC 端店铺首页的宽度一般设计为 1920 像素，如图 7-2 所示。

（a）手机端故宫
淘宝店铺首页

（b）PC 端故宫淘宝店铺首页

图 7-2

2. 页面布局不同

由于设计尺寸的不同，手机端店铺与 PC 端店铺的页面布局也有所区别，以增强消费者对手机端店铺的浏览体验。例如，PC 端店铺通常使用左右布局的横版海报，而手机端店铺则需要设计成上下布局的竖版海报，如图 7-3 所示。

（a）手机端某官方
旗舰店首页

（b）PC 端某官方旗舰店首页

图 7-3

3. 构成模块不同

手机端的构成模块划分清晰，并且会根据设备特点增加更能吸引消费者的模块。

如手机端店铺首页通常会在店招下方增加文字标题、店铺热搜和店铺会员等模块，较
PC 端内容更加丰富，如图 7-4 所示。

（a）手机端吉普号
　　旗舰店首页

（b）PC 端吉普号旗舰店首页

图 7-4

4. 信息内容不同

由于设计尺寸缩小，手机端店铺需要在有限的空间内进行设计，因此相较于 PC
端店铺，手机端无法通过比较详细的文字说明商品，而是适合选择更为重要的文案内
容，并且对价格进行加粗字体和调整颜色等处理以突出显示，令其更适合在手机端展
示，如图 7-5 所示。

（a）手机端印象笔记旗舰店首页　　　　　（b）PC 端印象笔记旗舰店首页

图 7-5

↘ 7.1.3　手机端店铺设计的关键点

消费者在手机端店铺购物的体验更为便捷，但对于网店美工而言，设计手机端店铺却面临着有限的设计尺寸等挑战。因此在进行手机端店铺设计与装修时，应该掌握其以下 4 个设计关键点，才能事半功倍。

1.　符合浏览规范

为了保证消费者在手机端购物的浏览体验，设计尺寸、文案的字号大小和色彩搭配等都要按照手机端的设计规范进行，以避免消费者因浏览体验感差降低购物欲望。

2.　统一平台视觉

手机端店铺设计虽然要根据手机端的特点进行调整，但也要注意与 PC 端店铺的视觉进行呼应，因此两者的设计应保留相同的视觉元素，以提升品牌关联性。

3.　统一页面视觉

除了进行平台与平台之间的视觉统一，还需要保证页面本身以及页面之间的视觉统一。设计单张页面时，整张页面需要和谐统一，并且各个页面之间需要相互衔接，以促成更多交易。

4.　合理运用模块

手机端店铺设计时要避免为了丰富内容增加大量模块，而是应根据店铺特点和活动要求，合理设计。整体信息量要合适，如店铺首页控制在 6 个屏幕以内，这样不会显得烦琐杂乱，以便于消费者愉悦轻松地进行浏览。

7.2　手机端店铺首页模块设计

手机端店铺首页的宽度通常为 1200 像素，高度不限，其设计模块可以根据商家的不同需要和后台装修模块进行组合变化。首页的核心模块通常由店招、文字标题、店铺热搜、轮播海报、优惠券、分类模块、商品展示、底部信息、排行榜和逛逛更多等内容构成，如图 7-6 所示。

图 7-6

↘ 7.2.1 轮播海报设计

微课视频

轮播海报设计

手机端店铺首页的轮播海报是网店美工需要精心设计的模块，其宽度为 1200 像素，高度为 120～2000 像素，支持 .jpg 或 .png 格式，大小不超过 2MB，如图 7-7 所示。

在设计制作手机端家居网店首页轮播海报的过程中，我们围绕主体物双人床进行创意。背景为室内场景图，凸显产品主题。色彩选取白色、橘黄色和深棕色，分别体现了整洁、温馨和舒适。字体选用黑体呼应主题。最终效果参考"云盘 /Ch07/7.2 手机端店铺首页模块设计 /7.2.1 轮播海报设计 / 工程文件 .psd"，如图 7-8 所示，具体操作步骤如下。

图 7-7

图 7-8

（1）按 Ctrl+N 组合键，弹出"新建文档"对话框，设置宽度为 1200 像素，高度为 1520 像素，分辨率为 72 像素 / 英寸，颜色模式为 RGB，背景内容为白色，单击"创建"按钮，新建一个文件。

（2）选择"视图 > 新建参考线版面"命令，弹出"新建参考线版面"对话框，在距离左边缘和右边缘各 20 像素的位置建立两条垂直参考线，设置如图 7-9 所示。单击"确定"按钮，完成参考线的创建。

（3）选择"矩形"工具 □，在属性栏的"选择工具模式"选项中选择"形状"，将"填充"颜色设置为黑色，"描边"颜色设置为无。绘制一个与页面大小相等的矩形，如图 7-10 所示，在"图层"控制面板中生成新的形状图层"矩形 1"。

（4）选择"文件 > 置入嵌入对象"命令，弹出"置入嵌入的对象"对话框，分别选择云盘中的"Ch07 > 7.2 手机端店铺首页模块设计 > 7.2.1 轮播海报设计 > 素材 > 01、02"文件，单击"置入"按钮，将图片分别置入图像窗口，并分别将其拖曳到适当的位置，按回车键确定操作，在"图层"控制面板中生成新的图层，并分别将其命名为"底图"和"地毯"，按 Ctrl+Alt+G 组合键，创建剪贴蒙版，如图 7-11 所示，效果如图 7-12 所示。

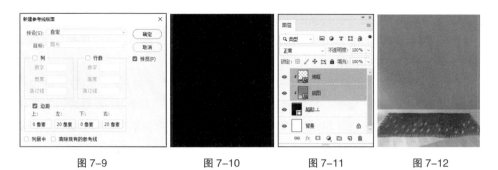

图 7-9　　　　　　图 7-10　　　　　　图 7-11　　　　　　图 7-12

（5）单击"图层"控制面板下方的"添加图层样式"按钮 fx，在弹出的菜单中选择"投影"命令，弹出对话框，设置"投影"颜色为黑色，其他选项的设置如图 7-13 所示，单击"确定"按钮，效果如图 7-14 所示。使用上述方法，分别置入"03""04""05"文件并添加投影效果，如图 7-15 所示，在控制面板中生成新的图层并分别将其命名为"装饰画 1""装饰画 2"和"床"。

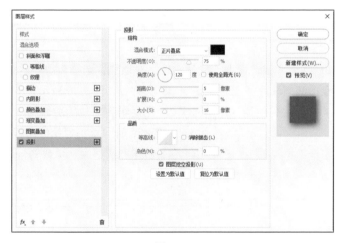

图 7-13

图 7-14　　　　　　图 7-15

（6）选择"横排文字"工具 T，在适当的位置分别输入需要的文字并选取文字。

选择"窗口 > 字符"命令，打开"字符"面板，将"颜色"设置为白色，并设置合适的字体和字号，使用上述方法添加阴影效果，效果如图 7-16 所示，在"图层"控制面板中分别生成新的文字图层。

（7）选择"圆角矩形"工具 ，在属性栏中，将"填充"颜色设置为桔黄色（251、198、73），"描边"颜色设置为无，"半径"选项设置为 40 像素，在图像窗口中绘制一个圆角矩形，如图 7-17 所示，在"图层"控制面板中生成新的形状图层"圆角矩形 1"。

（8）使用上述的方法分别输入文字并绘制圆形，如图 7-18 所示，在"图层"控制面板中分别生成新的图层。按住 Shift 键的同时，单击"矩形 1"图层，将需要的图层全部选中。按 Ctrl+G 组合键，群组图层并将其命名为"轮播海报 1"。

图 7-16　　　　　　　　　　图 7-17　　　　　　　　　　图 7-18

（9）按 Ctrl+O 组合键，弹出"打开文件"对话框，选择云盘中的"Ch04 > 4.3.2 手机端实木餐桌椅海报设计 > 工程文件 .psd"文件，如图 7-19 所示，单击"打开"按钮，打开文件。拖曳文件中的"轮播海报 2"图层组到新建的图像窗口中的适当位置并隐藏图层组，如图 7-20 所示。按住 Shift 键的同时，单击"轮播海报 1"图层组，将需要的图层组全部选中。按 Ctrl+G 组合键，群组图层组并将其命名为"轮播海报"，如图 7-21 所示。轮播海报制作完成。

图 7-19　　　　　　　　　　图 7-20　　　　　　　　　　图 7-21

↘ 7.2.2　优惠券设计

网店美工在进行手机端首页的优惠券设计时，设计尺寸、文案的字号大小和色彩搭配等要符合手机端浏览规范，如图 7-22 所示。

微课视频

优惠券设计

图 7-22

在设计制作手机端家居网店首页优惠券的过程中，我们结合轮播海报，围绕店铺优惠活动进行创意。将背景变为纯色，使内容清晰易读。色彩选取中蓝色、灰色和中黄色分别体现了清新、稳重和舒适的特点。优惠信息以标签的形式出现，具有直观的特点。最终效果参考"云盘 /Ch07/7.2 手机端店铺首页模块设计 /7.2.2 优惠券设计 / 工程文件 .psd"，如图 7-23 所示，具体操作步骤如下。

图 7-23

（1）按 Ctrl+N 组合键，弹出"新建文档"对话框，设置宽度为 1200 像素，高度为 644 像素，分辨率为 72 像素 / 英寸，颜色模式为 RGB，背景内容为白色，单击"创建"按钮，新建一个文件。

（2）使用上述方法，分别新建距离页面左边缘 20 像素、居中于页面及距离页面右边缘 20 像素的三条垂直参考线。

（3）选择"矩形"工具 □，在属性栏的"选择工具模式"选项中选择"形状"，将"填充"颜色设置为浅灰色（241、241、241），"描边"颜色设置为无。在图像窗口中绘制一个与页面大小相等的矩形，如图 7-24 所示，在"图层"控制面板中生成新的形状图层"矩形 1"。

（4）选择"视图 > 新建参考线"命令，弹出"新建参考线"对话框，在 56 像素的位置建立一条水平参考线，设置如图 7-25 所示，单击"确定"按钮。使用相同的方法，在 178 像素的位置新建一条水平参考线。

图 7-24

图 7-25

（5）选择"横排文字"工具 $\boxed{T.}$，在适当的位置分别输入需要的文字并选取文字。选择"窗口 > 字符"命令，打开"字符"面板，将"颜色"设置为深灰色（29、29、29）和淡灰色（135、135、135），并设置合适的字体和字号，效果如图 7-26 所示，在"图层"控制面板中分别生成新的文字图层。

（6）选择"椭圆"工具 $\boxed{\bigcirc.}$，按住 Shift 键的同时，在图像窗口中绘制一个圆形，在属性栏中将"填充"颜色设置为中黄色（251、198、73），"描边"颜色设置为无，效果如图 7-27 所示，在"图层"控制面板中生成新的形状图层"椭圆 1"。使用相同的方法分别绘制其他圆形，效果如图 7-28 所示，在"图层"控制面板中分别生成新的形状图层。

购物领券	购物领券	购物领券
家装钜惠 福利补贴	家装钜惠 福利补贴	家装钜惠 福利补贴
图 7-26	图 7-27	图 7-28

（7）按住 Shift 键的同时，单击"购物领券"图层，将需要的图层全部选中。按 Ctrl+G 组合键，群组图层并将其命名为"标题"，如图 7-29 所示。使用上述方法，分别新建两条水平参考线。

（8）选择"圆角矩形"工具 $\boxed{\bigcirc.}$，在属性栏中将"填充"颜色设置为黑色，"描边"颜色设置为无，"半径"选项设置为 30 像素，在图像窗口中绘制一个圆角矩形，效果如图 7-30 所示，在"图层"控制面板中生成新的形状图层"圆角矩形 1"。

（9）单击"图层"控制面板下方的"添加图层样式"按钮 fx，在弹出的菜单中选择"渐变叠加"命令，弹出"渐变叠加"对话框，单击"渐变"选项右侧的"点按可编辑渐变"按钮 ，弹出"渐变编辑器"对话框，在"位置"选项中分别输入 0、100 两个位置点，设置两个位置点颜色的 RGB 值分别为 0（119、176、196）、100（210、228、241），如图 7-31 所示，单击"确定"按钮。返回"渐变叠加"对话框，其他选项的设置如图 7-32 所示，单击"确定"按钮，效果如图 7-33 所示。

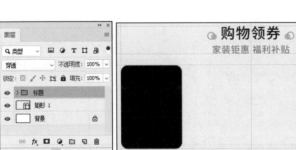

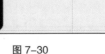

图 7-29	图 7-30	图 7-31

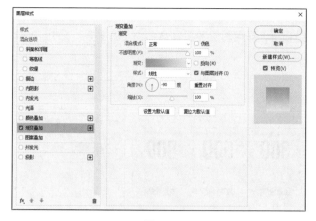

图 7-32   图 7-33

（10）选择"圆角矩形"工具 ▢，在图像窗口中绘制一个圆角矩形，在属性栏中将"填充"颜色设置为浅灰色（241、241、241），"描边"颜色设置为无，"半径"选项设置为 20 像素。选择"窗口 > 属性"命令，弹出"属性"面板，在面板中进行设置，如图 7-34 所示，效果如图 7-35 所示，在"图层"控制面板中生成新的形状图层"圆角矩形 2"。

（11）选择"椭圆"工具 ○，单击"路径操作"按钮 ▢，在弹出的菜单中选择"合并形状"选项，在适当的位置绘制一个椭圆形，效果如图 7-36 所示。

（12）选择"横排文字"工具 T，在适当的位置输入需要的文字并选取文字。在"字符"面板中，将"颜色"设置为黑色，并设置合适的字体和字号，效果如图 7-37 所示，在"图层"控制面板中生成新的文字图层。使用上述方法分别绘制圆角矩形并输入文字，效果如图 7-38 所示，在"图层"控制面板中生成新的图层。

图 7-34   图 7-35   图 7-36   图 7-37   图 7-38

（13）按住 Shift 键的同时，单击"圆角矩形 1"图层，将需要的图层全部选中。按 Ctrl+G 组合键，群组图层并将其命名为"券 1"，如图 7-39 所示。

（14）使用上述方法分别绘制圆角矩形并输入文字，效果如图 7-40 所示，在"图

层"控制面板中分别生成新的图层组。按住 Shift 键的同时，单击"矩形 1"图层，将
需要的图层全部选中。按 Ctrl+G 组合键，群组图层并将其命名为"优惠券"，如图 7-41
所示。优惠券制作完成。

图 7-39 　　　　　　　　　　　　 图 7-40 　　　　　　　　　　　　 图 7-41

7.2.3　分类模块设计

在手机端店铺中，消费者进行浏览使用的是上下滑动的方式，
因此网店美工在手机端店铺设计时应尽量减少大规模的点击交互，
所以分类模块通常在商品类型丰富的 PC 端店铺中保留，同时对手
机端首页分类模块的设计进行简化处理，以节约展示面积，如图 7-42 所示。

（a）手机端店铺首页分类模块　　　　　　　（b）PC 端店铺首页分类模块

图 7-42

在设计制作手机端家居网店首页分类模块的
过程中，我们结合轮播海报，围绕店铺产品分类
进行创意。将背景设置为纯色，使内容清晰易读。
色彩延用优惠券模块中的配色。图标采用与家居
相关的线性图标呈现简约精致的特点。整体排版
简洁清晰，最终效果参看"云盘 /Ch07/7.2 手机
端店铺首页模块设计 /7.2.3 分类模块设计 / 工程
文件 .psd"，如图 7-43 所示，具体操作步骤如下。

（1）按 Ctrl+N 组合键，弹出"新建文档"
对话框，设置宽度为 1200 像素，高度为 1294 像素，
分辨率为 72 像素 / 英寸，颜色模式为 RGB，背

图 7-43

景内容为白色，单击"创建"按钮，新建一个文件。

（2）使用上述的方法，分别新建距离页面左边缘 20 像素、居中于页面及距离页面右边缘 20 像素的三条垂直参考线。

（3）选择"矩形"工具 □ ，在属性栏的"选择工具模式"选项中选择"形状"，将"填充"颜色设置为白色，"描边"颜色设置为无。在图像窗口中绘制一个与页面大小相等的矩形，在"图层"控制面板中生成新的形状图层"矩形 1"。

（4）选择"视图 > 新建参考线"命令，弹出"新建参考线"对话框，在 56 像素的位置建立一条水平参考线，设置如图 7-44 所示，单击"确定"按钮。使用相同的方法，在 178 像素的位置再次新建一条水平参考线。使用上述方法，分别绘制图形并输入文字，效果如图 7-45 所示，在"图层"控制面板中生成新的图层组"标题"。

（5）使用上述方法，分别新建两条水平参考线。选择"圆角矩形"工具 □ ，在属性栏中，将"填充"颜色设置为浅灰色（241、241、241），"描边"颜色设置为无，"半径"选项为 10 像素。在图像窗口中绘制一个圆角矩形，如图 7-46 所示，在"图层"控制面板中生成新的形状图层"圆角矩形 1"。

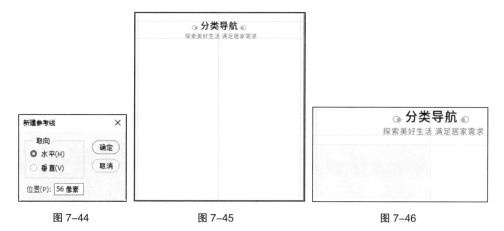

图 7-44　　　　　　　图 7-45　　　　　　　图 7-46

（6）选择"文件 > 置入嵌入对象"命令，弹出"置入嵌入的对象"对话框，选择云盘中的"Ch07 > 7.2 手机端店铺首页模块设计 > 7.2.3 分类模块设计 > 素材 > 01"文件，单击"置入"按钮，将图片置入图像窗口，并将其拖曳到适当的位置，按回车键确定操作，在"图层"控制面板中生成新的图层并将其命名为"实木桌"，效果如图 7-47 所示。

（7）选择"横排文字"工具 **T**. ，在适当的位置分别输入需要的文字并选取文字。选择"窗口 > 字符"命令，打开"字符"面板，将"颜色"设置为淡灰色（135、135、135）和深灰色（29、29、29），并设置合适的字体和字号，效果如图 7-48 所示，在"图层"控制面板中分别生成新的文字图层。

图 7-47 图 7-48

（8）使用上述方法，分别绘制形状、输入文字并置入图标，效果如图 7-49 所示，在"图层"控制面板中分别生成新的图层。按住 Shift 键的同时，单击"圆角矩形 1"图层，将需要的图层同时选取。按 Ctrl+G 组合键，群组图层并将其命名为"桌子系列"，如图 7-50 所示。

（9）使用上述方法分别绘制图形并输入文字，效果如图 7-51 所示，在"图层"控制面板中分别生成新的图层组。按住 Shift 键的同时，单击"矩形 1"图层，将需要的图层同时选取。按 Ctrl+G 组合键，群组图层并将其命名为"分类模块"，如图 7-52所示。分类模块制作完成。

图 7-49 图 7-50 图 7-51 图 7-52

⬇ 7.2.4 商品展示设计

微课视频
商品展示设计

由于面积有限，手机端店铺首页的商品展示无法与 PC 端相同，每行展示 4 列商品，而是通常会以 1 行 1 列、1 行 2 列或 1 行 3 列的形式进行展示。当以 1 行 1 列的形式展示商品时，可以做成单图海报，其宽度为 1200 像素，高度为 120～2000 像素。当以 1 行 2 列或 1 行 3 列的形式展示商品时，可以在模块的最上方加入 Banner 提升美感，如图 7-53 所示。Banner 的宽度为 1200 像素，高度为 376 像素或 591 像素，支持 .jpg 或 .png 格式，大小不超过 2MB。

在设计制作手机端家居网店首页商品展示的过程中，我们结合轮播海报，围绕店铺热销产品进行创意。将背景设置为纯色和渐变色，使内容清晰易读。色彩延用优惠券模块中的配色。整体排版整齐有序，一目了然，最

图 7-53

终效果参考"云盘 /Ch07/7.2 手机端店铺首页模块设计 /7.2.4 商品展示设计 / 工程文件 .psd"，如图 7-54 所示，具体操作步骤如下。

图 7-54

（1）按 Ctrl+N 组合键，弹出"新建文档"对话框，设置宽度为 1200 像素，高度为 6686 像素，分辨率为 72 像素/英寸，颜色模式为 RGB，背景内容为白色，单击"创建"按钮，新建一个文件。

（2）使用上述方法，分别新建距离页面左边缘 20 像素、居中于页面及距离页面右边缘 20 像素的三条垂直参考线。

（3）选择"矩形"工具 □，在属性栏的"选择工具模式"选项中选择"形状"，将"填充"颜色设置为浅灰色（241、241、241），"描边"颜色设置为无。在图像窗口中绘制一个与页面大小相等的矩形，在"图层"控制面板中生成新的形状图层"矩形 1"。

（4）选择"视图 > 新建参考线"命令，弹出"新建参考线"对话框，在 56 像素的位置建立一条水平参考线，设置如图 7-55 所示，单击"确定"按钮。使用相同的方法，在 178 像素的位置再次新建一条水平参考线。使用上述方法，分别绘制图形并输入文字，效果如图 7-56 所示，在"图层"控制面板中生成新的图层组"标题"。

图 7-55　　　　　　　　　　　图 7-56

（5）使用上述方法，分别新建两条水平参考线。选择"圆角矩形"工具 □，在属性栏的"选择工具模式"选项中选择"形状"，将"填充"颜色设置为浅灰色（225、222、217），"描边"颜色设置为无，"半径"选项设置为 20 像素。在图像窗口中绘制一个圆角矩形，如图 7-57 所示，在"图层"控制面板中生成新的形状图层"圆角矩形 1"。

（6）选择"文件 > 置入嵌入对象"命令，弹出"置入嵌入的对象"对话框，选择云盘中的"Ch07 > 7.2 手机端店铺首页模块设计 > 7.2.4 商品展示设计 > 素材 > 01"文件，单击"置入"按钮，将图片置入图像窗口，并将其拖曳到适当的位置，按回车键确定操作，在"图层"控制面板中生成新的图层并将其命名为"装饰柜"，按 Ctrl+Alt+G 组合键，创建剪贴蒙版，效果如图 7-58 所示。

图 7-57　　　　　　　　　　　图 7-58

（7）选择"横排文字"工具 **T.**，在适当的位置分别输入需要的文字并选取文字。选择"窗口 > 字符"命令，打开"字符"面板，将"颜色"设置为中蓝色（15、121、131）和淡灰色（135、135、135），并设置合适的字体和字号，效果如图 7-59 所示，在"图层"控制面板中分别生成新的文字图层。

（8）使用上述方法分别绘制形状并置入图标，效果如图 7-60 所示，在"图层"控制面板中分别生成新的图层。按住 Shift 键的同时，单击"圆角矩形 1"图层，将需要的图层同时选取。按 Ctrl+G 组合键，群组图层并将其命名为"TOP1"，如图 7-61 所示。

图 7-59　　　　　　　　　　图 7-60　　　　　　　　　　图 7-61

（9）使用上述方法分别制作其他图层组，效果如图 7-62 所示。按住 Shift 键的同时，单击"标题"图层组，将需要的图层组全部选中。按 Ctrl+G 组合键，群组图层组并将其命名为"热卖 TOP"，如图 7-63 所示。使用相同的方法制作出图 7-64 和图 7-65 所示的效果，在"图层"控制面板中分别生成新的图层组。按住 Shift 键的同时，单击"热卖 TOP"图层组，将需要的图层组全部选中。按 Ctrl+G 组合键，群组图层组并将其命名为"商品展示"，如图 7-66 所示。商品展示制作完成。

图 7-62　　　　　　　　　　图 7-63　　　　　　　　　　图 7-64

图 7-65 　　　　　　　　　　　　图 7-66

7.2.5　底部信息设计

由于底部信息位于店铺首页的尾部，消费者在浏览这部分时容易产生视觉疲劳。因此，手机端的大部分店铺会去除底部信息。在个别保留底部信息的手机端店铺中，会将 PC 端店铺首页的底部信息进行元素简化或颜色变化等处理，以减轻消费者的浏览负担、提升消费者的观看兴趣。

在设计制作手机端家居网店首页底部信息的过程中，我们结合轮播海报，围绕店铺简介进行创意。背景为产品实拍图，凸显网店经营方向。色彩沿用商品展示中的配色。最终效果参考"云盘 /Ch07/7.2 手机端店铺首页模块设计 /7.2.5 底部信息设计 / 工程文件 .psd"，如图 7-67 所示，具体操作步骤如下。

图 7-67

（1）按 Ctrl+N 组合键，弹出"新建文档"对话框，设置宽度为 1200 像素，高度为 1240 像素，分辨率为 72 像素 / 英寸，颜色模式为 RGB，背景内容为白色，如图 7-68 所示，单击"创建"按钮，新建一个文件。

（2）使用上述方法，分别新建距离页面左边缘 20 像素、居中于页面及距离页面右边缘 20 像素的三条垂直参考线。

（3）选择"矩形"工具 ，在属性栏的"选择工具模式"选项中选择"形状"，将"填充"颜色设置为黑色，"描边"颜色设置为无。在图像窗口中绘制一个与页面大小相等的矩形，在"图层"控制面板中生成新的形状图层"矩形 1"。

（4）选择"文件 > 置入嵌入对象"命令，弹出"置入嵌入的对象"对话框，选择云盘中的"Ch07 > 7.2 手机端店铺首页模块设计 > 7.2.5 底部信息设计 > 素材 > 01"文件，单击"置入"按钮，将图片置入图像窗口，并将其拖曳到适当的位置，按回车键确定操作，在"图层"控制面板中生成新的图层并将其命名为"沙发"，按 Ctrl+Alt+G 组合键，创建剪贴蒙版，效果如图 7-69 所示。使用相同的方法置入"02"文件，如图 7-70 所示，在"图层"控制面板中生成新的图层并将其命名为"Logo"。

图 7-68　　　　　　　　图 7-69　　　　　　　　图 7-70

（5）选择"横排文字"工具 ，在适当的位置输入需要的文字并选取文字。选择"窗口 > 字符"命令，打开"字符"面板，将"颜色"设置为白色，并设置合适的字体和字号，效果如图 7-71 所示，在"图层"控制面板中生成新的文字图层。

（6）按住 Shift 键的同时，单击"矩形 1"图层，将需要的图层全部选中。按 Ctrl+G 组合键，群组图层并将其命名为"底部信息"，如图 7-72 所示。底部信息制作完成。

图 7-71　　　　　　　　图 7-72

↘ 7.2.6　模块合并设计

微课视频

模块合并设计

制作完成各个模块后，需要将模块合并，构成一张完整的店铺首页。下面为制作手机端家居网店首页模块合并的方法，最终效果参考"云盘 /Ch07/7.2 手机端店铺首页模块设计 /7.2.6 模块合并设计 / 工程文件 .psd"，如图 7-73 所示，具体操作步骤如下。

扫码观看完整版长图

图 7-73

（1）按 Ctrl+N 组合键，弹出"新建文档"对话框，设置宽度为 1200 像素，高度为 11384 像素，分辨率为 72 像素 / 英寸，颜色模式为 RGB，背景内容为白色，单击"创建"按钮，新建一个文件。

（2）按 Ctrl+O 组合键，弹出"打开文件"对话框，选择云盘中的"Ch07 > 7.2 手机端店铺首页模块设计 > 7.2.1 轮播海报设计 > 工程文件 .psd"文件，单击"打开"按钮，打开文件。拖曳文件中的"轮播海报"图层组到新建的图像窗口中的适当位置，如图 7-74 所示。使用相同的方法，分别合并上述制作完成的模块到新建的图像窗口中，"图层"控制面板中的顺序如图 7-75 所示。整体效果制作完成。

图 7-74　　　　　　　　　　图 7-75

7.3　课堂实训——手机端数码产品店铺首页设计

1. 案例分析

本实训通过设计手机端数码产品店铺首页，明确当下数码产品行业店铺首页的设计风格并帮助读者掌握店铺首页的设计要点与制作方法。

微课视频
手机端数码产品店铺首页设计 1

微课视频
手机端数码产品店铺首页设计 2

2. 设计理念

在设计过程中，围绕主体物头戴式耳机进行创意。背景为渐变色、纯色与图片相结合的形式，增加多种元素实现点缀效果。色彩选取亮蓝色、深紫色和攻红色分别体现科技、时尚和质感的特点。字体选用方正粉丝天下简体和黑体起到呼应主题的作用。采用黄金比例分割

微课视频
手机端数码产品店铺首页设计 3

微课视频
手机端数码产品店铺首页设计 4

的左右构图表现和谐美感。图标采用与数码产品相关的线性图标呈现简约精致的特点。整体设计充满特色，契合主题。最终效果参考"云盘 /Ch07/7.3 课堂实训——手机端数码产品店铺首页设计 / 工程文件 .psd"，如图 7-76 所示。

3. 知识要点

使用形状工具绘制背景及辅助图形，使用"置入嵌入对象"命令置入图像，使用"添加图层样式"命令为图形添加效果，使用文字工具输入文字内容，使用"创建剪贴蒙版"命令调整图片显示区域。

图 7-76

扫 一 扫
扫码观看完整版长图

7.4 课后习题——手机端护肤品店铺首页设计

1. 案例分析

本习题通过设计手机端护肤品店铺首页，明确当下护肤品行业店铺首页的设计风格并帮助读者掌握店铺首页的设计要点与制作方法。

2. 设计理念

在设计过程中，围绕主体物护肤品进行创意。背景为渐变色、纯色与图片相结合的形式，营造出时尚的氛围。色彩选取灰色、金色渐变和黑色分别体现舒适、高端和大气的特点。字体选用黑体起到呼应主题的作用。采用黄金比例分割的左右构图表现和谐美感。整体设计充满特色，契合主题。最终效果参看"云盘 /Ch07/7.4 课后习题——手机端护肤品店铺首页设计 / 工程文件 .psd"，如图 7-77 所示。

微课视频
手机端护肤品店铺首页设计 1

微课视频
手机端护肤品店铺首页设计 2

微课视频
手机端护肤品店铺首页设计 3

微课视频
手机端护肤品店铺首页设计 4

3. 知识要点

使用形状工具绘制背景及辅助图形，使用"置入嵌入对象"命令置入图像，使用"添加图层样式"命令为图形添加效果，使用文字工具输入文字内容，使用"创建剪贴蒙版"命令调整图片显示区域。

扫一扫
扫码观看完整版长图

图 7-77

图片的切片与上传

第8章

在进入网店装修环节前，需要将 Photoshop 设计后的页面进行切片与上传，因此图片的切片与上传是连接网店设计与装修的重要桥梁。本章针对图片的切片与上传等基础知识进行系统讲解，并针对前几章制作完成的店铺首页进行图片的切片与上传演练。通过本章的学习，读者可以对图片的切片与上传有一个系统的认识，并快速掌握图片切片与上传的技巧和方法，帮助读者更好地完成图片的切片与上传。

学习目标

- 了解图片切片的概念。
- 熟悉图片切片的要点。
- 了解素材中心的概述。
- 掌握素材中心的功能。
- 了解素材中心的管理。

技能目标

- 掌握图片切片的方法。
- 掌握图片上传的方法。

8.1　图片切片

在装修网店前，首先要将设计好的图片进行切片，否则会因为设计稿的图片尺寸过大，导致无法上传至素材中心进行装修。下面分别从图片切片的概念和要点两个方面进行图片切片的讲解，帮助网店美工掌握图片切片的方法。

↘ 8.1.1　图片切片的概念

图片切片是进行网店装修前必不可缺的环节，它是指将一张大的图片切开，分割成多个可以独立展示的小图，如图 8-1 所示。进行图片切片时，主要使用的是 Photoshop 的"切片"工具 。

图 8-1

↘ 8.1.2　图片切片的要点

在使用 Photoshop 进行图片切片时，为了使图片切片合理、规范，需要掌握以下要点。

（1）依靠参考线。在 Photoshop 软件的标尺上拖动鼠标，可以为图片创建切片时的参考线，根据参考线进行切片会更加精确。

（2）切片位置。对图片进行切片时，尽量不要将一个完整的区域切开。应根据商品和文字切割出完整图片，以免因网速等问题造成图片不能完整展示，影响消费者的浏览体验。

（3）导出图片切片的颜色设置。导出图片切片时，需要导出为 Web 所用格式的网页安全色，以保证店铺的图片可以在各种浏览器、各种设备上都能进行无损失、无偏差的色彩输出。

（4）图片切片导出的格式。在导出图片切片时，可以根据不同的应用效果为各个图片切片单独设置导出格式。色彩丰富、图像较大、背景不透明的切片，通常选择 .JPEG 格式；尺寸较小、色彩单一和背景透明的切片，选择 .GIF 或 PNG-8 格式；半透明的切片，选择 PNG-24 格式。

8.1.3 家具产品首页图片切片

在处理家具产品首页图片切片的过程中，我们运用切片工具为家具产品首页图片进行尺寸裁剪，方便图片上传，并为后续的店铺装修奠定基础。最终效果参考"云盘 /Ch08/ 8.1.3 家具产品首页图片切片 / 效果"，如图 8-2 所示，具体操作步骤如下。

图 8-2

（1）按 Ctrl+O 组合键，打开云盘中的"Ch08 > 8.1.3 家具产品首页图片切片 > 素材 > 01"文件，单击"打开"按钮，打开文件。

（2）选择"切片"工具 ✍，在图像窗口中拖曳鼠标绘制一个 1920 像素 ×150 像素的选区，如图 8-3 所示；在图像窗口中拖曳鼠标绘制一个 1920 像素 ×800 像素的选区，如图 8-4 所示。

图 8-3

图 8-4

（3）使用相同的方法，在图像窗口中拖曳鼠标绘制选区，效果如图 8-5 所示。选择"文件 > 导出 > 存储为 Web 所用格式（旧版）"命令，在弹出的对话框中进行设置，如图 8-6 所示，单击"存储"按钮，导出效果图，如图 8-7 所示，重新命名所有图片，效果如图 8-8 所示。

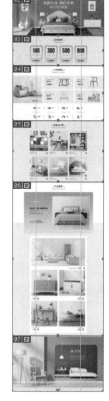

图 8-5

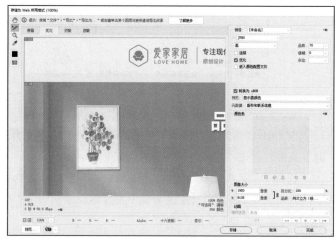

图 8-6

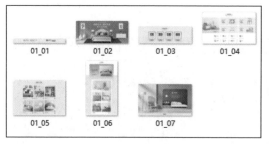

图 8-7

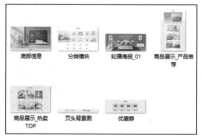

图 8-8

（4）按 Ctrl+O 组合键，打开云盘中的"Ch08 > 8.1.3 家具产品首页图片切片 > 素材 > 01"文件，选择"切片"工具 ✂️，在图像窗口中拖曳鼠标绘制一个 950 像素 × 120 像素的选区，如图 8-9 所示。

图 8-9

（5）在"图层"控制面板中，单击"轮播海报"图层左侧的眼睛图标 ，将该图层隐藏，效果如图 8-10 所示。

（6）使用相同的方法，在图像窗口中拖曳鼠标绘制一个 1920 像素 ×800 像素的选区，如图 8-11 所示。导出图片切片，如图 8-12 所示。删除图片切片"01_01""01_03""01_04"和"01_06"，并重新命名其他图片，效果如图 8-13 所示。家具产品首页图片切片制作完成。

图 8-10　　　　　　　　　　　　　　　　图 8-11

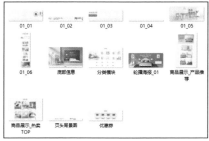

图 8-12　　　　　　　　　　　　　图 8-13

8.2　图片上传

图片切片后，需要将图片统一上传至素材中心，在进行店铺装修时直接从素材中心调取使用，方便网店美工工作。下面分别从素材中心的概述、素材中心的功能和素材中心的管理三个方面讲解图片上传，帮助读者掌握图片上传的方法，为后续的店铺装修奠定基础。

↘ 8.2.1　素材中心的概述

素材中心包含装修店铺的所有素材，同时还提供各种风格的模块样式，能够在极大程度上提升网店美工装修店铺的工作效率。下面对素材中心的概述进行详细地讲解。

1. 素材中心的概念

素材中心是淘宝商家的线上储存空间，可以储存与店铺装修相关的图片、视频、音乐和动图等素材。网店美工通常先将相关素材上传到素材中心，装修店铺时再调取使用。

素材中心可以通过登录淘宝网，进入千牛卖家中心，然后单击页面左侧导航栏"商品"，进入商品页面，再单击该页面左侧二级导航栏"商品管理"下方的"图片空间"进入，如图 8-14 所示。另外还可以通过登录淘宝网，单击"卖家中心"，以打开千牛卖家的方式进入素材中心。

图 8-14

2. 素材中心的容量

素材中心的容量并不是无限使用。目前，淘宝平台根据店铺的等级高低给予商家不同大小的免费容量。钻石及以下的商家免费容量为 1GB，皇冠级商家为 4GB，红冠级商家为 30GB。如果素材中心提供的免费容量不够，商家也可以通过在淘宝服务市场付费购买的方式来扩大素材中心的容量。

3. 素材中心的优势

素材中心在店铺装修过程中具有独特的优势，具体表现为安全稳定、管理方便和浏览快速这三个方面。

（1）安全稳定。素材中心由淘宝官方开发，采用 CDN 存储，存储数据更加稳定和安全。

（2）管理方便。素材中心可以对上传的素材进行分类，从而使图片更好地展示，方便商家查找与管理。此外，即使服务器过期也不影响使用，不仅能节约时间，还能避免再次上传图片的麻烦。

（3）浏览快速。在素材中心浏览图片，就如同平时使用电脑查看桌面文件一样方便。与此同时，店铺装修时应用素材中心的图片可以加快页面打开的速度，提升消费者的浏览体验，促进转化。

↘8.2.2 素材中心的功能

图片、视频、音频和动图等素材在素材中心的功能与操作基本相同，这里以图片为例分别讲解素材中心中的上传、替换、删除与还原、复制与移动等功能。

1. 上传

进入素材中心页面，单击右上角的"上传"按钮 上传 ，打开"上传图片"对话框，如图 8-15 所示。上传图片可以通过拖曳上传和点击上传两种方式进行。

图 8-15

2. 替换

图片上传至素材中心后，在图片列表中选中需要替换的图片，如图 8-16 所示。单击"替换"按钮 替换 ，打开"打开"窗口，如图 8-17 所示。在"打开"窗口中选择需要的图片，单击"打开"按钮之后会弹出替换前后图片的缩略图的"替换"对话框，单击"确定"按钮 确定 即可完成替换，如图 8-18 所示。

图 8-16

图 8-17   图 8-18

3. 删除与还原

在素材中心的图片列表中选中需要删除的图片，单击"删除"按钮 删除 ，会弹出是否确认删除的对话框，单击"确定"按钮 确定 即可完成删除；或鼠标移动到需要删除的图片，在弹出的按钮中，选择"删除"按钮 🗑 进行删除。删除的图片会被放入图片回收站，在图片回收站内可对图片进行彻底删除和还原操作，如果 7 天内未对图片进行还原操作，则会被彻底删除，如图 8-19 所示。

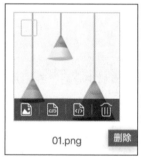

（a）确认删除对话框   （b）弹出的按钮

（c）图片删除或还原

图 8-19

4. 复制与移动

将图片上传到素材中心后，网店美工通常还需要复制和移动图片到对应文件夹中，进行图片整理。以便在后期装修时，网店美工可以快速地选择图片，提高装修工作的效率。

（1）复制。在素材中心的图片列表中选中需要复制的图片，单击"复制"按钮 复制∨ ，在弹出的二级下拉菜单中单击相应按钮即可完成相关复制；或将鼠标指针移动到需要复制的图片上方，在弹出的按钮中选择"复制图片"按钮 、"复制链接"按钮 、"复制代码"按钮 进行相关复制，如图8-20所示。

（2）移动。在素材中心的图片列表中选中需要移动的图片，单击"更多"按钮 更多∨ ，在弹出的下拉菜单中单击"移动到"选项，弹出"移动到"对话框，如图8-21所示。选择图片需要移动到的文件夹，单击"确定"按钮 确定 即可完成移动。

图 8-20   图 8-21

↘ 8.2.3 素材中心的管理

在素材中心会按照先文件夹后图片的顺序进行排列，这种排序方式会导致整体图片展示比较混乱，不利于网店美工快速找到需要的图片，从而降低工作效率。因此需要对素材中心的图片进行管理，使其按照一定的规律排列，便于查找。下面分别讲解图片显示方式和图片的授权等内容。

1. 图片显示方式

素材中心有两种图片显示方式，一种是图标式，另一种是横向列表式。两种显示方式各有优势。图标式显示更加直观，常在制作店铺模板时使用。其使用方法为：在素材中心页面，单击左上角的 按钮，即可切换成图标式显示方式，如图8-22所示。横向列表式能够显示图片的类型、尺寸和大小等详细信息，常在删除图片或移动图片时使用。其使用方法为：在素材中心页面，单击左上角的 按钮，即可切换成横向列表式显示方式，如图8-23所示。

图 8-22

图 8-23

除此之外，网店美工还可以在"素材中心"页面，单击左上方的 ☰ 按钮，在弹出的下拉菜单中，选择按照"文件名"和"上传时间"的升序或降序方式对图片进行排序。

2. 图片的授权

素材中心的图片默认只能由当前店铺使用。但如果有商家同时经营了多个店铺，需要在不同的店铺模块使用相同的图片，将图片重复性地上传到各个店铺的素材中心再进行装修会降低工作效率，这时可以使用素材中心的"授权店铺管理"功能将图片分享给其他店铺。

要进行图片授权，需要先进入"素材中心"页面，然后单击上方的"更多设置"按钮 ⊙ 更多设置 ，在弹出的下拉菜单中，单击"授权店铺管理"选项，在弹出的"授权店铺管理"对话框中，在"添加授权店铺"文本框中输入需要被授权店铺的名称，单击"添加"按钮 添加 ，再单击"确定"按钮 确定 即可，如图 8-24 所示。如需撤销授权，则在该对话框的"已授权店铺管理"列表中进行操作。

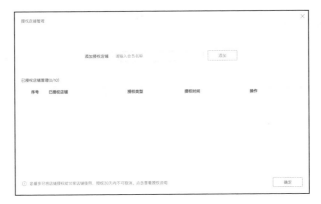

图 8-24

8.2.4 家具产品首页图片上传

在上传家具产品首页图片过程中，我们运用上传按钮，在千牛卖家中心的图片空间上传图片，以便在进行店铺装修时直接调取使用，具体操作步骤如下。

微课视频

家具产品首页图片上传

（1）成功登录淘宝后，单击"千牛卖家中心"按钮，如图 8-25 所示。

图 8-25

（2）进入"千牛"界面，单击"商品"选项卡，如图 8-26 所示，在"商品管理"列表中单击"图片空间"选项，跳转到素材中心界面，如图 8-27 所示。

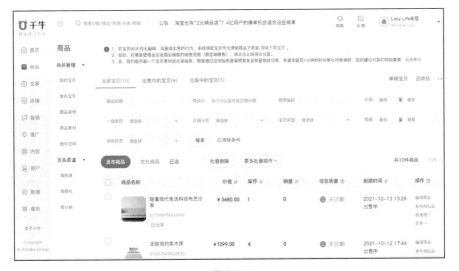

图 8-26

图 8-27

（3）双击"店铺装修"文件夹，单击右上角的"上传"按钮 上传 ，打开"上传图片"对话框，如图 8-28 所示。单击"上传"按钮，弹出"打开"对话框，选择需要上传的文件，如图 8-29 所示。

图 8-28

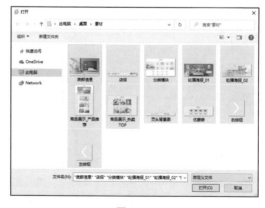

图 8-29

（4）单击"打开"按钮，将图片上传到图片空间中，如图 8-30 所示。单击"确定"按钮。家具产品首页图片上传完成，效果如图 8-31 所示。

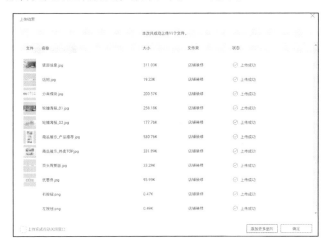

图 8-30

图 8-31

8.3 课堂实训——数码产品店铺首页图片切片

1. 案例分析

本实训通过将设计好的图片进行切片，明确当下店铺装修需要上传图片的尺寸并帮助读者掌握图片切片的要点与方法。

2. 设计理念

在制作过程中，我们运用切片工具为数码产品首页图片进行尺寸裁剪，使其符合店铺装修的图片尺寸要求。最终效果参考"云盘/Ch08/ 8.3 课堂

微课视频

数码产品店铺首页
图片切片

实训——数码产品店铺首页图片切片／效果"文件夹，如图 8-32 所示。

3. 知识要点

使用切片工具分割图片，使用"存储为 Web 所用格式（旧版）"命令导出切片图片。

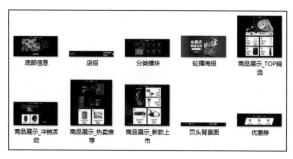

图 8-32

8.4 课后习题——数码产品店铺商品图片上传

1. 案例分析

本习题通过数码产品店铺商品图片上传，帮助读者掌握店铺装修的商品图片上传要点与方法。

2. 设计理念

在制作过程中，我们通过在千牛卖家中心的图片空间上传商品图片，方便在进行店铺装修时直接调取使用，如图 8-33 所示。

微课视频

数码产品店铺商品
图片上传

3. 知识要点

使用上传按钮上传商品图片，使用打开按钮导入图片。

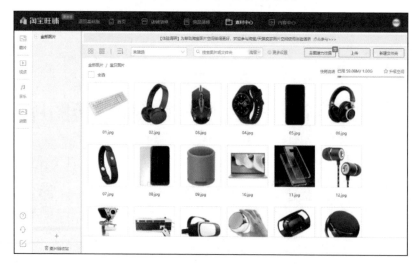

图 8-33

第 9 章

商品发布与装修

商品发布与装修是创建店铺的重要环节。精心设计的商品发布与装修能够更好地展示商品，从而激发消费者的购买欲望。本章针对商品发布的概述、PC 端商品详情装修和手机端商品详情装修等基础知识进行系统讲解，并针对流行风格以及典型行业的商品进行发布与装修演练。通过本章的学习，读者可以对商品发布与装修有一个系统的认识，并快速掌握商品发布与装修的技巧和方法，帮助网店美工更好地完成商品发布与装修工作。

学习目标

- 掌握商品发布的概述。

技能目标

- 掌握 PC 端商品详情装修的方法。
- 掌握手机端商品详情装修的方法。

9.1 商品发布的概述

商品发布是正式开始店铺装修的第一步。登录淘宝网，进入千牛卖家中心，然后单击该页面左侧导航栏"商品"选项卡，进入商品页面，如图 9-1 所示。再单击商品页面左侧二级导航栏"商品管理"下方的"发布宝贝"选项，进入"商品发布"页面，如图 9-2 所示，网店美工可根据提示填写相关信息即可完成商品发布。

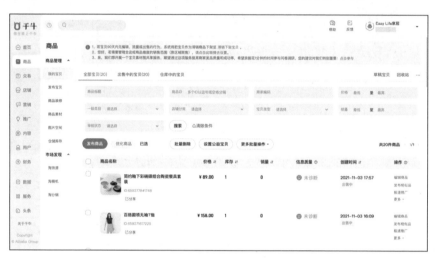

图 9-1

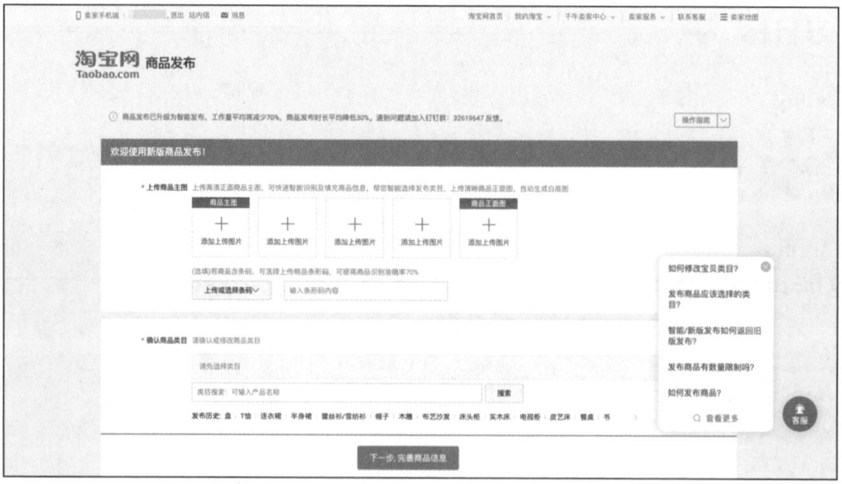

图 9-2

9.2 PC 端商品详情装修

将商品发布完成后，便可以对商品详情进行装修。下面分别从使用 PC 端文本编辑装修与使用淘宝神笔装修详情页两个方面进行 PC 端商品详情装修的讲解，帮助读者掌握 PC 端商品详情装修的方法。

↘ 9.2.1 使用PC端文本编辑装修

在 PC 端文本编辑装修过程中，我们通过在"商品发布"页面的"图文描述"选项组中进行详情页图片上传，完成商品信息发布，效果如图 9-3 所示，具体操作步骤如下。

图 9-3

（1）进入"商品发布"页面，填写完商品相关信息后，在"图文描述"选项组中，单击"图片"按钮 ⊡图片，如图 9-4 所示。弹出"图片空间"对话框，选中上传到图片空间中沙发详情页图片的文件夹，依次单击"01_商品焦点～10_其他模块"图片将其全部选中，如图 9-5 所示，单击"确认"按钮。

图 9-4

图 9-5

（2）沙发详情页图片上传完成，如图 9-6 所示，单击右侧 按钮可预览 PC 端装修效果，如图 9-7 所示。单击"发布"按钮 _{发布}，完成商品发布，如图 9-8 所示。PC端文本编辑装修制作完成。

图 9-6

图 9-7

图 9-8

⇘ 9.2.2　使用淘宝神笔装修详情页

在"商品发布"页面中的"电脑端描述"位置，选中"使用旺铺详情编辑器"按钮 ○ 使用旺铺详情编辑器，在切换的面板中，如图 9-9 所示，单击"立即使用"按钮 [立即使用]，在弹出的"淘宝神笔宝贝详情编辑器"中购买合适的模板，可以直接快速装修详情页，如图 9-10 所示。

图 9-9

图 9-10

9.3 手机端商品详情装修

完成 PC 端商品详情装修后，我们还需要对手机端商品详情进行装修。下面分别从使用手机端文本编辑装修与使用装修模块装修详情页两个方面进行手机端商品详情装修的讲解，帮助网店美工掌握手机端商品详情装修的方法。

↘ 9.3.1 使用手机端文本编辑装修

在"商品发布"页面中，如果"电脑端描述"位置已经运用"使用文本编辑"进行了 PC 端详情页的装修，则手机端详情页可以直接选择"导入电脑端描述"按钮 导入电脑端描述 ，在弹出的面板中单击"确认生成"按钮 确认生成 ，可直接快速装修详情页，如图 9-11 所示。

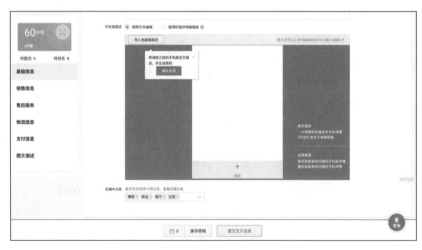

图 9-11

9.3.2　使用装修模块装修详情页

手机端详情中的装修模块不仅可以装修已经设计好的详情页，还可以在线进行自由的设计装修。其中，基础模块是装修详情页时的常用模块，主要包括图片、文字、视频以及动图等基本内容，如图9-12所示。营销模块是用于详情页活动装修的模块，主要包括店铺推荐、店铺活动、优惠券以及群聊等基本内容，如图9-13所示。行业模块是用于商品描述的模块，主要包括搭配示范、宝贝参数、模特信息、试穿信息、颜色款式、平铺展示、细节材质、商品吊牌以及商家公告等内容。

微课视频

使用装修模块装修
详情页

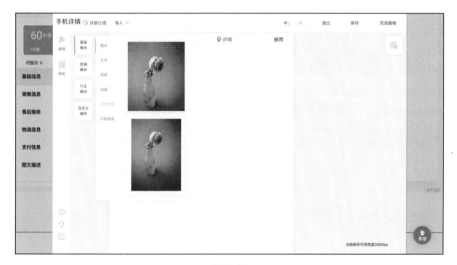

图 9-12

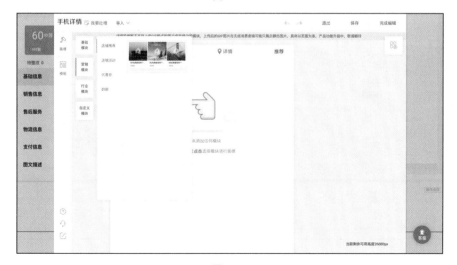

图 9-13

在使用装修模块装修详情页的过程中，我们通过"商品装修"页面的图文详情，上传详情页图片，完成详情页的装修，效果如图 9-14 所示，具体操作步骤如下。

扫码观看完整版长图

图 9-14

（1）进入"千牛"界面，单击"商品"选项卡，在"商品管理"列表中单击"商品装修"选项，进入"商品装修"页面。单击"图文详情"选项下方的"编辑图文详情"按钮（编辑图文详情），如图 9-15 所示，跳转到"详情编辑器"页面，如图 9-16 所示。

图 9-15

图 9-16

（2）单击页面左侧"基础模块"选项栏，在展开的页面中单击左侧图片，如图9-17所示。弹出"选择图片"对话框，依次单击"01_商品焦点～06_其他模块"图片将其全部选中，如图9-18所示，单击"确认"按钮。

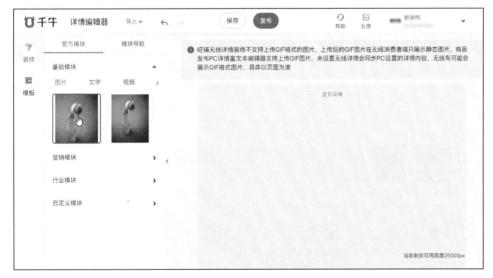

图 9-17

（3）图片模块置入完成，效果如图9-19所示。单击页面右上角的"发布"按钮，弹出"发布宝贝详情"对话框，如图9-20所示，单击"确认"按钮。使用装修模块装修详情页制作完成。

图 9-18

图 9-19

图 9-20

9.4 课堂实训——入耳式耳机详情页装修

1. 案例分析

本实训通过耳机详情页装修，明确耳机产品的详情页图片上传与制作方法。

2. 知识要点

通过"商品发布"页面的图文描述选项组上传详情页图片，使用"图片"按钮选择图片，使用"发布"按钮完成商品信息发布，效果如图 9-21 所示。

微课视频

入耳式耳机详情页
装修

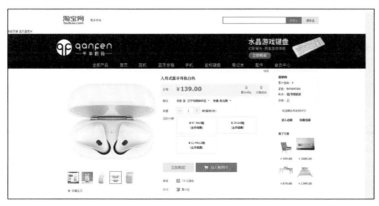

图 9-21

扫一扫

扫码观看完整版长图

9.5 课后习题——温和洗面奶详情页装修

1. 案例分析

本实训通过洗面奶详情页装修，明确洁面产品的详情页图片
上传与制作方法。

2. 知识要点

微课视频

温和洗面奶详情页
装修

通过"商品装修"页面的图文详情选项组上传详情页图片，
使用基础模块的"图片"选项选择图片，使用"发布"按钮完成商品详情发布，效果
如图 9-22 所示。

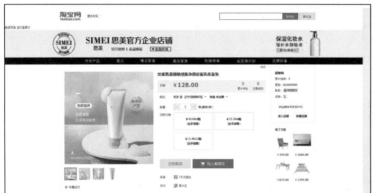

图 9-22

扫一扫

扫码观看完整版长图

PC端店铺装修

第10章

PC 端店铺装修是网店美工需要完成的重要工作任务，精心装修的 PC 端店铺能够更好地引入流量、提升销售。本章针对 PC 端店铺的模板装修和基础模块装修等基础知识进行系统讲解，并针对流行风格和典型行业的 PC 端店铺进行装修演练。通过本章的学习，读者可以对 PC 端店铺的装修产生系统的认识，并快速掌握 PC 端店铺装修的技巧和方法，更好地完成 PC 端店铺装修的工作。

学习目标

- 掌握模板的变换和使用。
- 掌握模板的备份和还原。
- 熟悉基础装修模块。

技能目标

- 掌握使用 PC 端模板装修的方法。
- 掌握使用店招模块装修的方法。
- 掌握使用导航模块装修的方法。
- 掌握使用自定义模块装修的方法。

10.1 使用 PC 店铺模板装修

淘宝平台为商家提供了 3 套 PC 端模板，这些模板可供永久使用。下面分别从模板的变换和使用、模板的备份与删除两个方面讲解 PC 店铺模板装修的使用，帮助读者掌握使用 PC 端店铺模板装修的方法。

↘ 10.1.1 模板的变换和使用

登录淘宝网，进入千牛卖家中心，然后单击页面左侧导航栏"店铺"，进入"店铺"页面，再单击页面左侧二级导航栏"店铺装修"下方的"PC 装修"，进入装修页面，如图 10-1 所示。单击左侧二级导航栏"装修模板"进入"PC 模板"页面，如图 10-2 所示。

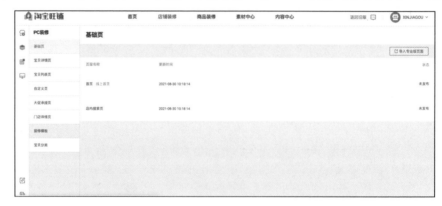

图 10-1

图 10-2

单击模板中的"马上使用"按钮 马上使用 ，即可更换店铺使用的模板，并跳转到"电脑页面装修"页面。单击该页面左侧导航栏"配色"选项卡，在弹出的窗口中选择合适的颜色，完成整体配色方案的变换，如图 10-3 所示。

图 10-3

如果需要满足更多需求，可以在顶部导航栏单击"装修市场"，进入"服务市场 - 装修市场"页面，购买合适的模板，如图 10-4 所示。

图 10-4

↘ 10.1.2 模板的备份和还原

进入"电脑端模板"页面，在最上方正在使用的模板中，单击"备份和还原"按钮 备份和还原 ，弹出"备份与还原"对话框，在"备份"选项卡中的"备份名"文本框中输入名称，单击"确定"按钮 确定 ，即可完成模板备份，如图 10-5 所示。

图 10-5

在弹出的"备份与还原"对话框中，切换到"还原"选项卡。单击选中需要进行还原的模板备份，单击"应用备份"按钮 应用备份 ，即可完成模板备份的还原；单击"删除备份"按钮 删除备份 ，即可完成模板备份的删除，如图 10-6 所示。

图 10-6

使用基础模块装修

除使用模板外，网店美工还可以通过装修模块进行店铺装修，并且店铺都是由模块组成的，因此网店美工必须掌握使用装修模块的装修方法。下面分别从认识基础装修模块、使用店招模块装修、使用导航模块装修和使用自定义模块装修几个方面来讲解使用基础模块装修的方法，帮助读者掌握使用基础模块装修的方法。

↘ 10.2.1 认识基础装修模块

登录淘宝网，进入千牛卖家中心，然后单击页面左侧导航栏"店铺"，进入店铺页面，再单击页面左侧二级导航栏"店铺装修"下方的"PC 装修"，进入装修页面，如图 10-7 所示。鼠标移动到需要装修的页面，单击"装修页面"按钮 装修页面 ，在打开的装修页面中即可看到店铺装修的基础模块，如图 10-8 所示。

图 10-7   图 10-8

↘ 10.2.2 使用店招模块装修

在家居网店店招模块的装修过程中，我们通过左侧页头导航栏装修页头背景，使其符合店招全屏的显示效果。通过淘宝热区代码生成工具为店招添加热区，达到点击进入商品详情页效果，具体操作步骤如下。

微课视频

使用店招模块装修

（1）单击"首页"列表右侧的"装修页面"选项，跳转到新的网页界面，如图 10-9 所示。单击页面左侧导航栏"页头"，展开"页头"页面，如图 10-10 所示。

（2）单击"页头背景图："选项下方的"更换图"按钮 更换图 ，弹出"打开"对话框，选择云盘中的"Ch10 > 10.2.2 使用店招模块装修 > 素材 > 页头背景图 .jpg"文件，如图 10-11 所示。单击"打开"按钮，其他选项的设置如图 10-12 所示。选中"应用到所有页面"选项，效果如图 10-13 所示。

图 10-9　　　　　　　　　　　图 10-10

图 10-11　　　　　　　　　　　图 10-12

图 10-13

（3）进入"图片空间"页面，选择"店招 .jpg"图片，单击图片下方的"复制链接"按钮，复制图片链接，如图 10-14 所示。打开"有用模板网"，单击"热区工具"按钮 热区工具 ，如图 10-15 所示，进入"淘宝热区代码生成工具"网页，如图 10-16 所示。

（4）按 Ctrl+V 组合键，在"输入图片地址："选项的位置粘贴图片链接，单击"载入图片"按钮 载入图片 ，如图 10-17 所示。在"沙发"的位置拖曳鼠标绘制一个矩形，如图 10-18 所示。

图 10-14

图 10-15

图 10-16

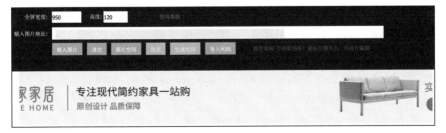

图 10-17

图 10-18

（5）进入"千牛"界面，单击"商品"选项卡，在"商品管理"列表中单击"我的宝贝"选项，如图 10-19 所示，将鼠标放置在"全实木沙发现代简约…"下方"分享"按钮 [分享 的位置，如图 10-20 所示，单击"复制商品链接"按钮 复制商品链接。

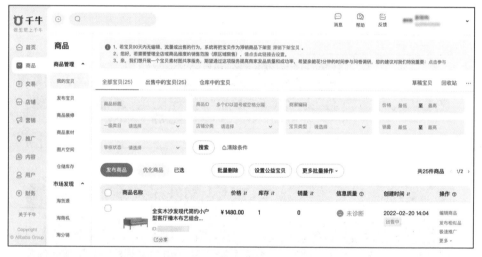

图 10-19

（6）返回"淘宝热区代码生成工具"页面，鼠标双击绘制的矩形，弹出"链接属性"对话框，在"链接："文本框中粘贴链接地址，其他设置如图 10-21 所示，单击"确定"按钮。单击"生成代码"按钮 生成代码，弹出"代码"对话框，如图 10-22 所示，全选并复制代码。进入"首页-店铺装修-淘宝网"页面，单击"店铺招牌"模块上的"编辑"按钮 编辑，如图 10-23 所示。

（7）弹出"店铺招牌"对话框，将"招牌类型："选项设置为自定义招牌，单击"自定义内容："选项上的"源码"按钮，如图 10-24 所示，切换到编辑源代码面板。按 Ctrl+V 组合键，将复制的代码粘贴到面板中，如图 10-25 所示。单击"保存"按钮，效果如图 10-26 所示，使用店招模块装修制作完成。

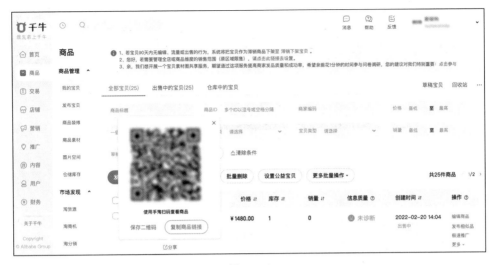

图 10-20

图 10-21

图 10-22

图 10-23

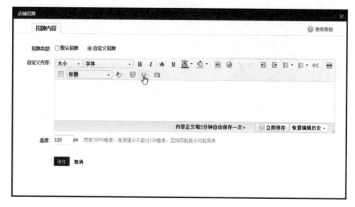

图 10-24

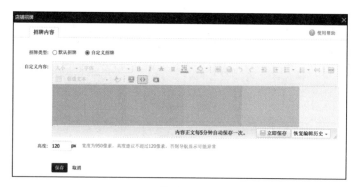

图 10-25

图 10-26

↘ 10.2.3 使用导航模块装修

在家居网店导航模块的装修过程中，我们通过分类管理页面添加手工分类；在宝贝管理页面对商品进行分类，方便消费者通过导航找到所需商品；通过淘宝导航条 css 在线制作为导航设置字体与颜色，使其符合店铺的色调与风格，具体操作步骤如下。

微课视频

使用导航模块装修

（1）单击"导航"模块上的"编辑"按钮 ✎编辑 ，弹出"导航"对话框，如图 10-27 所示。单击右下角的"添加"按钮 ✚添加 ，弹出"添加导航内容"对话框，如图 10-28 所示。单击"管理分类"选项，跳转到宝贝分类管理界面，如图 10-29 所示。单击左上角的"添加手工分类"按钮 ✚添加手工分类 ，添加分类并设置分类名称，效果如图 10-30 所示，单击"保存更改"按钮 保存更改 。

图 10-27

图 10-28

图 10-29

图 10-30

（2）单击左侧导航栏"宝贝管理"选项，切换到宝贝分类页面，单击"添加分类"按钮 添加分类 ▼ ，为宝贝添加分类，如图 10-31 所示。返回"首页 - 店铺装修 - 淘宝网"页面并刷新，在"添加导航内容"对话框中，勾选需要的分类，如图 10-32 所示，单击"确定"按钮。将"宝贝分类"添加到导航设置中并调整顺序，如图 10-33 所示，单击"确定"按钮，效果如图 10-34 所示。

图 10-31

图 10-32

图 10-33

图 10-34

（3）打开"有用模板网"，单击"导航样式编辑器"按钮 **导航样式编辑器** ，进入"淘宝导航条 css 在线制作"网页，如图 10-35 所示。在"导航条设置"和"下拉导航设置"选项中进行设置，如图 10-36 所示。

图 10-35

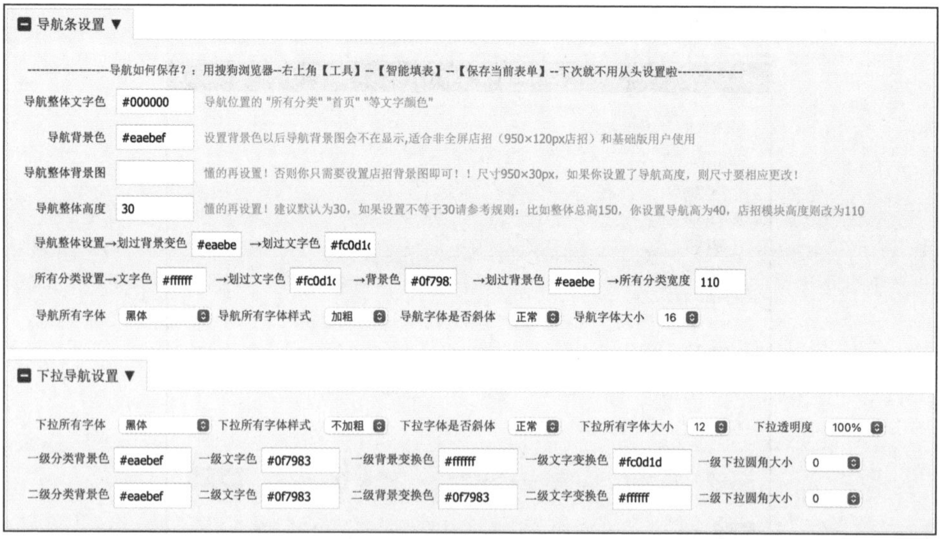

图 10-36

（4）单击"预览"按钮 预览 查看设置效果，如图 10-37 所示。单击"获取代码"按钮 获取代码 ，将"导航 css 代码"全选并复制，如图 10-38 所示。

图 10-37

图 10-38

（5）返回"首页 - 店铺装修 - 淘宝网"页面，单击"显示设置"选项，切换到编辑源代码面板，按 Ctrl+V 组合键，将复制的代码粘贴到面板中，如图 10-39 所示。单击"确定"按钮，效果如图 10-40 所示，使用导航模块装修制作完成。

图 10-39

图 10-40

↘ 10.2.4　使用自定义模块装修

在家居网店自定义模块的装修过程中，我们通过淘宝全屏轮播代码在线生成器装修轮播海报，使其具有全屏轮播的效果；创建店铺优惠券，促进店铺引流营销的效果，具体操作步骤如下。

微课视频

使用自定义模块装修

（1）单击"图片轮播"模块上的"删除"按钮 ✕ 删除，如图 10-41 所示，删除模块。使用相同的方法，删除其他不需要的模块，效果如图 10-42 所示。

图 10-41

图 10-42

（2）单击页面左侧导航栏"模块"，展开"模块"页面，如图 10-43 所示。将"自定义区"模块拖曳到编辑区，如图 10-44 所示。打开"有用模板网"，单击"全屏轮播生成"按钮 全屏轮播生成 ，进入"淘宝全屏轮播代码在线生成器"网页，如图 10-45 所示。

图 10-43   图 10-44

图 10-45

（3）进入"图片空间"页面，选择"轮播海报_01"图片，单击图片下方的"复制链接"按钮，复制图片链接，如图 10-46 所示。返回"淘宝全屏轮播代码在线生成器"页面，在"图片配置"选项中进行设置。按 Ctrl+V 组合键，将复制的链接粘贴到"图片地址"中，如图 10-47 所示。

图 10-46

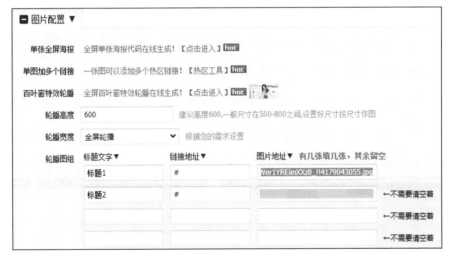

图 10-47

（4）进入"千牛"界面，单击"商品"选项卡，在"商品管理"的列表中单击"我的宝贝"选项，将鼠标放置在"现代简约实木双人床"下方"分享"按钮的位置，如图 10-48 所示，单击"复制商品链接"按钮。返回"淘宝全屏轮播代码在线生成器"页面，按 Ctrl+V 组合键，将复制的链接粘贴到"链接地址"中，如图 10-49 所示。

图 10-48

图 10-49

（5）使用相同的方法将"轮播海报_02"的图片和商品链接复制并粘贴，如图 10-50 所示。单击"展示效果"选项进行设置，使用相同的方法，分别将"左按钮"和"右按钮"图片链接复制并粘贴，如图 10-51 所示。单击"获取代码"按钮 获取代码 ，全选并复制代码，如图 10-52 所示。

图 10-50　　　　　　　　　　　　　　　　　　图 10-51

图 10-52

（6）进入"首页 - 店铺装修 - 淘宝网"页面，单击"自定义内容区"模块上的"编辑"按钮 [✏ 编辑]，弹出"自定义内容区"对话框，将"显示标题："选项设置为不显示，单击"源码"按钮 [◇]，如图 10-53 所示，切换到编辑源代码面板。按 Ctrl+V 组合键，将复制的代码粘贴到面板中，如图 10-54 所示，单击"确定"按钮，效果如图 10-55 所示。

图 10-53

图 10-54

图 10-55

（7）进入"千牛"界面，单击"营销"选项卡，在"已报管理"的列表中单击"营销工具"选项，单击"优惠券"下方的"创建店铺券"选项，如图 10-56 所示，创建店铺优惠券。优惠券创建完成后，在"店铺优惠券"选项卡中，选择需要的优惠券，单击右侧"获取链接"选项，如图 10-57 所示。弹出"链接地址"对话框，单击"复制链接"按钮 复制链接 ，复制优惠券链接。

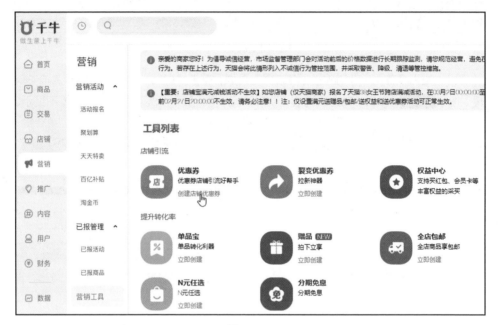

图 10-56

图 10-57

（8）进入"首页 - 店铺装修 - 淘宝网"页面，将"自定义区"模块拖曳到编辑区，并使用与店招模块相同的方法，在"淘宝热区代码生成工具"网页，为优惠券绘制热区并粘贴对应的链接，如图10-58所示。生成代码并粘贴到自定义内容区的编辑源代码面板中，效果如图10-59所示。

图 10-58

图 10-59

（9）使用相同的方法，将"分类模块""商品展示"和"底部信息"用"自定义区"模块进行装修，效果如图10-60所示，家具产品首页装修制作完成。

扫一扫

扫码观看完整版长图

图 10-60

10.3 课堂实训——PC 端数码产品店铺首页装修

1. 案例分析

本实训通过 PC 端数码产品店铺首页装修，明确数码产品行业店铺首页装修的制作方法。

2. 知识要点

使用店招模块、导航模块和自定义模块进行装修，使用"淘宝热区代码生成工具"添加热区，使用"分类管理"页面添加手工分类，使用宝贝管理页面为商品进行分类，使用"淘宝导航条 css 在线制作"网页为导航设置字体与颜色，

微课视频

PC 端数码产品店铺首页装修 1

微课视频

PC 端数码产品店铺首页装修 2

微课视频

PC 端数码产品店铺首页装修 3

微课视频

PC 端数码产品店铺首页装修 4

微课视频

PC 端数码产品店铺首页装修 5

使用"淘宝全屏海报代码在线生成器"装修全屏海报，效果如图 10-61 所示。

扫码观看完整版长图

图 10-61

10.4　课后习题——PC 端护肤品店铺首页装修

1. 案例分析

本实训通过 PC 端护肤品店铺首页装修，明确护肤品行业店铺首页装修的制作方法。

2. 知识要点

使用店招模块、导航模块和自定义模块进行装修，使用"淘宝热区代码生成工具"添加热区，使用"分类管理"页面添加手工分类，使用"宝贝管理"页面对商品进行分类，使用"淘宝导航条 css 在线制作"网页为导航设置字体与颜色，使用"淘宝全屏海报代码在线生成器"装修全屏海报，效果如图 10-62 所示。

微课视频

PC 端护肤品店铺
首页装修 1

微课视频

PC 端护肤品店铺
首页装修 2

微课视频

PC 端护肤品店铺
首页装修 3

微课视频

PC 端护肤品店铺
首页装修 4

扫码观看完整版长图

图 10-62

手机端店铺装修

手机端店铺装修与 PC 端店铺装修相同，也属于网店美工需要完成的重要综合型工作任务，精心装修的手机端店铺能够更好地扩展市场、获取流量。本章针对手机端店铺使用无线店铺模板装修和使用官方模块装修等基础知识进行系统讲解，并针对流行风格和典型行业的手机端店铺进行装修演练。通过本章的学习，读者可以对手机端店铺的装修有一个系统的认识，并快速掌握手机端店铺装修的技巧和方法，帮助网店美工更好地完成无线端店铺装修工作。

学习目标

● 掌握使用店铺热搜模块的方法。
● 掌握使用排行榜模块模块装修的方法。
● 掌握使用猜你喜欢模块装修的方法。

技能目标

● 掌握使用轮播图海报模块装修的方法。
● 掌握使用多热区切图模块装修的方法。
● 掌握使用单图海报模块装修的方法。

11.1 使用轮播图海报模块装修

微课视频

使用轮播图海报模块
装修

在使用轮播图海报模块装修家居网店的过程中，我们通过在"模块基础内容"面板中进行设置，上传轮播海报图片并添加跳转的宝贝链接，具体操作步骤如下。

（1）进入"千牛"界面，单击"店铺"选项卡，在"店铺装修"的列表中单击"手机店铺装修"选项，进入"手机店铺装修"页面，如图 11-1 所示。

图 11-1

（2）单击"默认首页"列表右侧的"装修页面"选项，跳转到"旺铺 - 页面装修编辑器"网页界面，如图 11-2 所示。

图 11-2

（3）在页面左侧导航栏"页面容器"中，将"轮播图海报"模块拖曳到编辑区，如图 11-3 所示。在页面右侧"模块基础内容"面板中进行设置，将"模块名称"设置为轮播海报，将"基础设置"设置为固定顺序，将鼠标移动到上传图片的 + 位置，单击"上传图片"按钮 上传图片 ，如图 11-4 所示。

图 11-3   图 11-4

（4）弹出"选择图片"对话框，选择"01.jpg"图片，单击"确认"按钮，如图 11-5 所示。将"裁剪尺寸"选项的高设置为 1520，按回车键确定操作，如图 11-6 所示，单击"保存"按钮。

图 11-5

图 11-6

（5）单击"请输入合法的无线链接"右侧的"链接"按钮 ⊘ ，如图 11-7 所示。弹出"添加链接"对话框，单击"宝贝链接"选项栏，选中"现代简约实木双人床"选项，如图 11-8 所示，单击"确定"按钮。

图 11-7 　　　　　　　　　　　　　　　　图 11-8

（6）单击"添加 1/4"选项 ＋添加1/4 ，使用相同的方法上传图片"02.jpg"，效果如图 11-9 所示，单击"保存"按钮，使用轮播图海报模块装修制作完成。

图 11-9

11.2 使用店铺热搜模块装修

店铺热搜模块为页面装修编辑器预设模块，可通过模块右侧的 按钮调节模块顺序，如不需要保留该模块可通过 🗑 按钮删除，如图 11-10 所示。该模块宝贝由系统根据算法自动展现，无需编辑。

微课视频

使用店铺热搜模块
装修

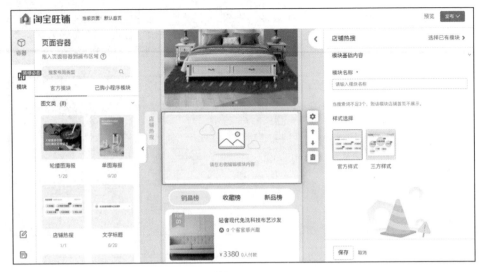

图 11-10

11.3 使用多热区切图模块装修

微课视频

使用多热区切图模块
装修

在使用多热区切图模块装修家居网店的过程中，我们通过在"模块基础内容"面板中进行设置，上传图片并绘制热区，添加链接热区跳转的选项，其具体操作步骤如下。

（1）在页面左侧导航栏"页面容器"中，将"多热区切图"模块拖曳到编辑区，如图 11-11 所示。在页面右侧"模块基础内容"面板中进行设置，将"模块名称"设置为"优惠券"，将鼠标移动到"添加图片"按钮 ➕添加图片 的位置，单击"上传图片"按钮 上传图片 ，如图 11-12 所示。

图 11-11   图 11-12

（2）弹出"选择图片"对话框，选择"03.jpg"图片，单击"确认"按钮，如图 11-13 所示。将"裁剪尺寸"选项的高设置为 644，按回车键确定操作，如图 11-14 所示，单击"保存"按钮。

图 11-13

图 11-14

（3）单击"添加热区"按钮 ☑ 添加热区，如图 11-15 所示。弹出"热区编辑器"对话框，如图 11-16 所示。

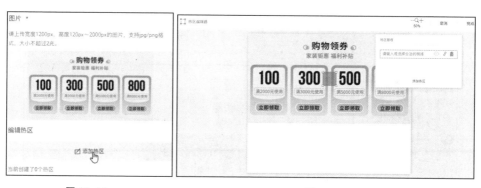

图 11-15　　　　　　　　　　　　　图 11-16

（4）将矩形选区拖曳到适当的位置并调整大小，如图 11-17 所示。

图 11–17

（5）单击"热区管理"选项下方的"链接"按钮 ，如图 11-18 所示。弹出"链接小工具"对话框，单击"优惠券"选项栏，选中"满 2000 减 100"选项，如图 11-19 所示，单击"确定"按钮。

（6）单击矩形选区上方的"复制"按钮，如图 11-20 所示，复制一个矩形选区并移动到第二张优惠券的位置并链接，单击 ◉ 按钮可查看链接内容。使用相同的方法制作其他三张优惠券，效果如图 11-21 所示，单击"完成"按钮。

图 11–18　　　　　　　　　　　　　　　　　　图 11–19

图 11–20

图 11–21

（7）在页面右侧"模块基础内容"面板中，单击"保存"按钮，效果如图 11-22 所示。

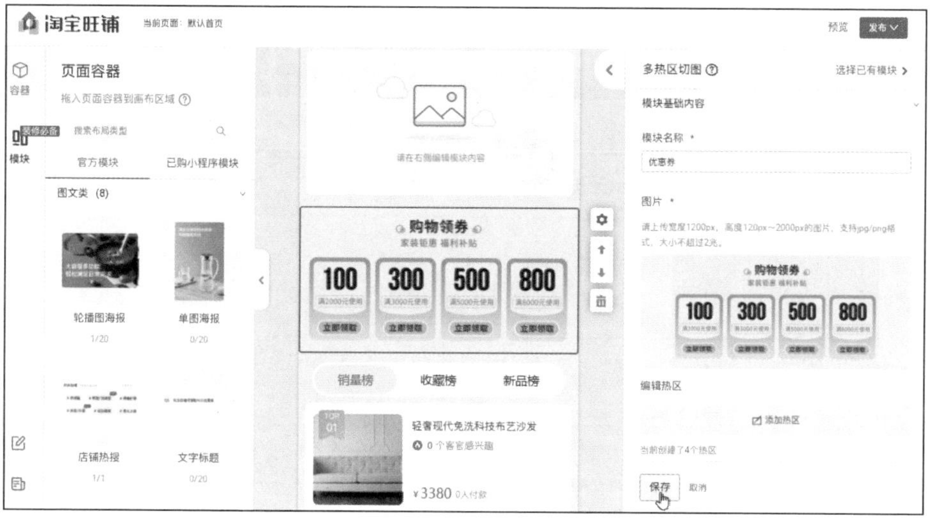

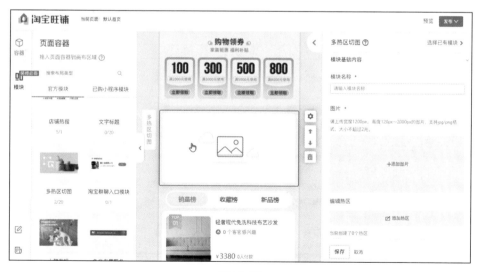

图 11-22

（8）使用相同的方法在"优惠券"模块下方添加一个"多热区切图"模块，如图 11-23 所示。在页面右侧"模块基础内容"面板中进行设置，将"模块名称"设置为"分类模块"。将鼠标移动到"添加图片"按钮 +添加图片 的位置，单击"上传图片"按钮 上传图片，弹出"选择图片"对话框，选择"04.jpg"图片，单击"确认"按钮，如图 11-24 所示。

图 11-23

（9）将"裁剪尺寸"选项的高设置为 1294，按回车键确定操作，如图 11-25 所示，单击"保存"按钮。单击"添加热区"按钮 ☑添加热区，弹出"热区编辑器"对话框，将矩形选区拖曳到适当的位置并调整大小，如图 11-26 所示。

图 11-24

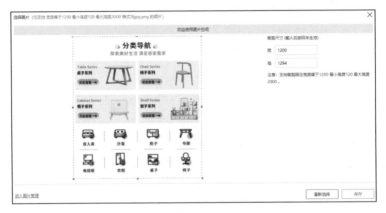

图 11-25

图 11-26

（10）单击矩形选区上方的"链接"按钮 ，弹出"链接小工具"对话框，单击"宝贝分类"选项栏，选中"桌子系列"选项，如图 11-27 所示，单击"确定"按钮。使用相同的方法制作其他分类，效果如图 11-28 所示，单击"完成"按钮。

图 11-27

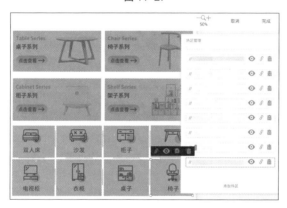

图 11-28

（11）在页面右侧"模块基础内容"面板中，单击"保存"按钮，效果如图 11-29 所示。使用相同的方法对"商品展示"模块进行装修，如图 11-30 所示。使用多热区切图模块装修制作完成。

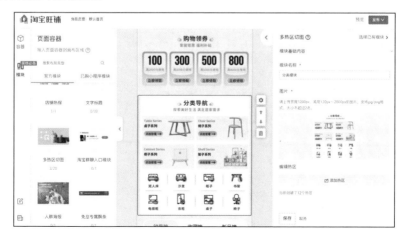

图 11-29

图 11-30

11.4　使用单图海报模块装修

在使用单图海报模块装修家居网店的过程中，我们通过在"模块基础内容"面板中进行设置，上传图片并添加跳转链接，具体操作步骤如下。

（1）在页面左侧导航栏"页面容器"中，将"单图海报"模块拖曳到编辑区，如图 11-31 所示。在页面右侧"模块基础内容"面板中进行设置，将"模块名称"设置为"底部信息"，将鼠标移动到"添加图片"按钮 +添加图片 的位置，单击"上传图片"按钮 上传图片 ，如图 11-32 所示。

图 11-31

图 11-32

（2）弹出"选择图片"对话框，选择"11.jpg"图片，单击"确认"按钮，如图 11-33 所示。将"裁剪尺寸"选项的高设置为 1240，按回车键确定操作，如图 11-34 所示，单击"保存"按钮。

（3）单击"跳转链接"右侧的"链接"按钮 🔗 ，如图 11-35 所示。弹出"添加链接"对话框，选择"店铺故事承接页"选项栏，如图 11-36 所示，单击"店铺故事承接页（原二楼）"装修店铺故事页面，装修完成后，选中"店铺故事"选项，单击"确定"按钮。

图 11-33

图 11-34

图 11-35

图 11-36

（4）在页面右侧"模块基础内容"面板中，单击"保存"按钮，效果如图11-37所示，使用单图海报模块装修制作完成。

图 11-37

11.5 使用排行榜模块装修

微课视频

使用排行榜模块装修

排行榜模块为页面装修编辑器预设模块，可通过模块右侧的按钮调节模块顺序，如不需要保留该模块可通过 🗑 按钮删除，如图11-38所示。该模块宝贝由系统根据算法自动展现，无需编辑。

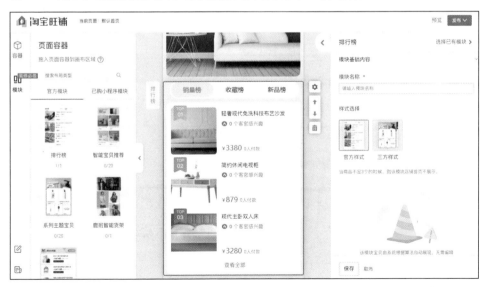

图 11-38

11.6 使用猜你喜欢模块装修

猜你喜欢模块为页面装修编辑器预设模块，此模块不能调节顺序和删除，自动置于页面底部，如图 11-39 所示。该模块内容由系统根据算法自动展现，无需编辑。最终效果如图 11-40 所示，手机端家具产品店铺首页装修制作完成。

图 11-39

扫码观看完整版长图

图 11-40

11.7 课堂实训——手机端数码产品店铺首页装修

1. 案例分析

本实训通过手机端数码产品店铺首页装修，明确数码产品行业手机端店铺首页装修的制作方法。

2. 知识要点

使用单图海报模块、多热区切图模块和猜你喜欢模块进行店铺装修，在"模块基础内容"面板中进行设置，使用"上传图片"按钮选择并添加图片，使用"热区编辑器"为图片绘制并添加多个热区，使用"链接"按钮添加跳转链接，效果如图 11-41 所示。

扫一扫

扫码观看完整版长图

图 11-41

11.8 课后习题——手机端护肤品店铺首页装修

1. 案例分析

本实训通过手机端护肤品店铺首页装修，明确护肤品行业手机端店铺首页装修的制作方法。

微课视频

手机端护肤品店铺
首页装修

2. 知识要点

使用单图海报模块、多热区切图模块和猜你喜欢模块进行店铺装修，在"模块基础内容"面板中进行设置，使用"上传图片"按钮选择并添加图片，使用"热区编辑器"为图片绘制并添加多个热区，使用"链接"按钮添加跳转链接，效果如图 11-42 所示。

扫码观看完整版长图

图 11-42

第12章

网店视频拍摄与制作

　　随着无线端电商平台 App 的普及应用，展现方式简单明了的视频逐渐成为网店吸引消费者进行浏览的一个重要途径。因此，网店视频的拍摄与制作成为网店美工需要完成的重要任务之一。本章针对网店视频拍摄、网店视频制作以及网店视频上传等基础知识进行系统讲解，并针对流行风格和典型行业的网店视频进行任务演练。通过本章的学习，读者可以对网店视频的拍摄与制作有一个系统的认识，并快速掌握网店视频拍摄与制作的规范和方法，成功制作出具有吸引力的网店视频。

学习目标

- 熟悉视频构图的原则。
- 掌握视频拍摄的要求。
- 了解网店的视频类型。
- 熟悉视频上传的要求。

技能目标

- 掌握拍摄网店视频的方法。
- 掌握 Premiere 的基本操作。
- 掌握制作网店视频的方法。
- 掌握上传网店视频的方法。

12.1 网店视频拍摄

将视频应用于网店，通过视听语言能够吸引更多的消费者，能够更好地向消费者展示商品，从而提高商品转化率。下面分别从视频构图的原则和拍摄的流程两个方面进行网店视频拍摄的讲解，便于进行后续的视频制作。

↘ 12.1.1 视频构图的原则

在进行视频拍摄时，画面的最终效果需要遵循一定的构图原则，合理的构图能够提升视频的画面美感，使视频更具有观赏性。视频构图主要有以下 6 大原则。

1. 主体明确

商品主体是视频主题的重要对象。在拍摄、构图时，一定要将商品主体放在醒目位置，尤其是中心位置更能凸显主体，如图 12-1 所示。

2. 物体衬托

商品主体需要有相关物体进行衬托，否则画面会显得空洞呆板。同时注意衬托物体应合理放置，否则会喧宾夺主，如图 12-2 所示。

3. 环境烘托

为拍摄的商品主体营造合适的环境和氛围，不仅能突出商品主体，还能为画面增加美感、凸显氛围，如图 12-3 所示。

图 12-1　　　　　　　　　图 12-2　　　　　　　　　图 12-3

4. 前景与背景处理

位于商品主体之前的景物为前景，位于商品主体之后的景物为背景。视频中的前景可以使画面丰富有层次感，背景可以使画面立体有空间感，如图 12-4 所示。

5. 背景画面简洁

视频中的背景应尽量简单，以保持画面简洁，避免分散消费者注意力。如果背景杂乱，可以针对背景进行模糊处理；或选择合适的角度进行拍摄，避免杂乱的背景影响商品主体，如图 12-5 所示。

| 图 12-4 | 图 12-5 |

6. 追求形式美

将设计中的点、线、面运用到拍摄画面中，使画面富有设计美感，如图 12-6 所示。

图 12-6

↘ 12.1.2　视频拍摄的要求

网店视频的拍摄与商品图片的拍摄要求相同，都需要将主题清晰地表达出来，才能使消费者更清楚地了解拍摄的意图。为了使拍摄出的视频能够清晰地表达主题，网店美工一定要根据规范的流程进行拍摄，下面进行视频拍摄流程的详细讲解。

1. 保持画面稳定与水平

在拍摄过程中，一定要保持画面的稳定和水平，以达到理想的拍摄效果。为了增强拍摄时的稳定性，我们通常要借助三脚架。没有三脚架时，则需要右手正常持相机，左手扶住屏幕，以保证稳定拍摄。

2. 保证拍摄速度的均匀

拍摄时，运动镜头的过程中需要保证速度均匀，以免出现时快时慢的现象。

3. 把控视频的拍摄视角

合理运用不同的视角进行拍摄，能够有效避免画面单一枯燥。在构图时，镜头由下而上进行拍摄，可以放大被拍摄物体的高度；反之，则会缩小被拍摄物体的高度。

4. 掌握视频拍摄的时间

掌控视频拍摄时间，以便后期合成。特写镜头建议拍摄时间为 2 ～ 3 秒，近景建议为 3 ～ 4 秒，中景建议为 5 ～ 6 秒，全景建议为 6 ～ 7 秒，大全景建议为 6 ～ 11 秒，而一般镜头建议为 4 ～ 6 秒。

↘ 12.1.3　拍摄手冲咖啡演示视频

在拍摄手冲咖啡演示视频的过程中，我们围绕手冲咖啡的制作过程进行。接下来进行视频拍摄的前期准备与实际拍摄的详细讲解，最终素材参考"云盘 /Ch12/12.1.3 拍摄手冲咖啡演示视频 / 素材"文件夹，具体操作流程如下。

1. 制定拍摄脚本

制定拍摄脚本是拍摄视频的第一步，可以极大地提高拍摄的工作效率，使整个拍摄有条不紊地进行。

扫一扫

扫码观看本案例脚本

2. 考察拍摄场地

拍摄场地选在一家环境温馨的咖啡店，如图 12-7 所示。拍摄前，首先对咖啡店进行实地考察，查看其采光情况。这家咖啡店临街，窗户较大，采光较好，因此无需准备其他的灯光设备。咖啡店的装修装饰符合设计风格。在现场，根据环境和采光条件，事先布置制作咖啡的场地，以节省拍摄时间。

3. 其他准备工作

（1）准备道具。除商品主体手冲咖啡壶套装外，画面中还需要体现包括操作员的手和服装、咖啡杯、热水壶、装咖啡的器皿以及桌面等不可缺少的组成部分，所以在准备这些道具时也要力求完美。

（2）工作人员分配。拍摄该视频共需要 4 名工作人员，其中包括导演，负责拍摄视频的摄影师，负责拍摄照片的摄影师和进行咖啡制作的咖啡师。导演会同时兼顾助理的工作，比如道具的摆放以及拍摄过程中需要配合摄影师拍摄的辅助工作。

4. 视频实际拍摄

在拍摄脚本已经写好的情况下，拍摄当天只需要按照脚本设定好的每一个镜头保质保量地完成拍摄即可。

【镜头 01 】　视频拍摄开头 3 秒用于所有手冲咖啡用具的整体展示，如图 12-8 所示。在拍摄该镜头时，要根据每一个道具的外形特征进行摆放，为了突出主体，整个画面的构图既要有层次又不能显得杂乱。如果背景的装饰物较多，无法避免杂乱，可以适当调大光圈，使背景虚化。

图 12-7　　　　　　　　　　　　　　　　　图 12-8

【镜头 02】　　冲杯和分享壶都是手冲咖啡最主要的用具，又是店铺销售的商品，因此需要单独进行拍摄。为了更好地展示细节，使消费者更充分地了解该商品，采用特写镜头进行拍摄，如图 12-9 所示。由于冲杯和分享壶高度相差较大，在一个画面中无法全部呈现，因此拍摄时要用移动拍摄的手法，镜头从商品上方滑动到下方进行完整的展示，这时要注意镜头起点和落点的位置。

图 12-9

【镜头 03、04】　　03 和 04 这两个镜头同样都是为了单独展示一个器具，因此采用特写镜头，运用移动拍摄的手法。但是由于细嘴手冲壶和过滤纸的外形矮小扁平，所以镜头采用旋转和左右移动的方式，但是幅度要适当。03 和 04 这两个镜头要注意画面的构图，细嘴手冲壶位于画面的右三分之二处，过滤纸位于画面的下三分之二处，符合黄金分割比例，如图 12-10 所示。

图 12-10

【镜头 05】　　展示咖啡豆的镜头采用近景的景别拍摄，使用固定镜头的拍摄手法将咖啡豆从杯子里缓缓地倒入盘子中，如图 12-11 所示。构图上采用"二分构图法"，将咖啡杯和盘子放在画面的右侧，左侧留白，使画面更具有通透感，不会显得太拥挤。由于咖啡豆落到盘子里是一个动态的过程，因此拍摄时要注意画面的稳定性。

【镜头 06】 这个镜头利用俯视的角度，使用固定镜头的拍摄手法展示称量咖啡豆这个动作，器皿位于画面的居中位置，如图 12-12 所示。

图 12-11　　　　　　　　　　　　　图 12-12

【镜头 07、08】 07 和 08 这两个镜头是在同一个背景前拍摄同一件物品的使用步骤。两个镜头都是采用特写镜头的水平角度去拍摄。为了有所变化，07 镜头运用固定拍摄的手法拍摄咖啡豆倒入研磨机的过程，08 镜头运用自上而下移动的拍摄手法，最后固定在研磨机上，如图 12-13 所示。

图 12-13

【镜头 09】 采用俯拍的角度，运用特写镜头来拍摄研磨好的咖啡粉，展示其粗细程度。该画面很简单，因此将咖啡粉放在画面居中位置，清晰明了，如图 12-14 所示。

【镜头 10】 这个镜头采用近景的景别拍摄，使用固定镜头的拍摄手法展示过滤纸的折叠方法，如图 12-15 所示。这个镜头在拍摄时将相机放在三脚架上，注意拍摄过程中尽量保持咖啡师的手部和过滤纸位于画面中，避免画面的不完整。

图 12-14　　　　　　　　　　　　　图 12-15

【镜头 11】 将咖啡器具摆放在画面中间的位置，采用 45 度俯视的角度，运用固定镜头的拍摄手法，以表现出冒热气的状态，如图 12-16 所示。

【镜头12】　采用俯视角度，运用特写镜头拍摄用细嘴手冲壶将热水均匀地冲在滤纸上，使滤纸全部湿润后紧贴在滤杯壁上，如图12-17所示。

 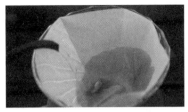

图12-16　　　　　　　　　　　图12-17

【镜头13】　整个画面采用中间构图，为了表现水流入过滤杯、温暖咖啡壶的过程，需要采用摇摄的拍摄手法自上而下拍摄，如图12-18所示。

图12-18

【镜头14、15、16】　14、15、16这3个镜头都使用俯视角度进行固定镜头拍摄。为了清晰地表现第一次给咖啡注水到焖煮的过程，运用特写镜头，过滤杯几乎占满整个画面，将消费者的视线集中在咖啡和冲水的手法上。拍摄时，由于过滤杯有一定的深度，光线比较弱，难以体现咖啡粉的细节，这时可以借用手机里的手电筒进行补光，如图12-19所示。

图12-19

【镜头 17】 拍摄第二次冲水过程，仍然采用镜头 16 的拍摄手法和构图形式，如图 12-20 所示。

【镜头 18】 采用平视的角度，运用特写镜头拍摄咖啡从过滤杯慢慢注入分享壶的过程，如图 12-21 所示。

图 12-20   图 12-21

【镜头 19】 拍摄第三次冲水过程，依旧采用镜头 16 的拍摄手法和构图形式，如图 12-22 所示。

【镜头 20】 该镜头采用镜头 18 的拍摄手法展现咖啡从过滤杯慢慢注入分享壶的过程，如图 12-23 所示。

【镜头 21】 这个镜头采用特写镜头，运用固定拍的手法表现咖啡的状态，构图则将分享壶位于画面的左三分之二处的位置，如图 12-24 所示。

【镜头 22】 将冲好的咖啡徐徐倒入白色的咖啡杯中，如图 12-25 所示。

图 12-22   图 12-23

图 12-24   图 12-25

【镜头 23】 这个镜头表现出模特惬意地坐在咖啡店里享用手冲咖啡带来的愉悦心情。为了配合脚本表现出温馨舒适的画风，这个场景中模特的右侧是门窗，室外照射的阳光刚好可以作为一个天然的主灯。模特头顶上方有一个很大的顶灯，可以将模特面部照亮，使模特看起来更加立体。这个镜头通过运用拉镜头的方式从近景拉至远景，交代了模特和场景以及商品之间的关系，并以此作为结束镜头，如图 12-26 所示。

图 12-26

12.2　网店视频制作

视频拍摄完成后，需要根据电商平台的要求和消费者的需求对视频进行后期处理。下面分别从网店的视频类型和视频制作的流程两个方面进行网店视频制作的讲解，便于后续将视频成功应用于网店中。

↘ 12.2.1　网店的视频类型

应用于网店中的视频类型有主图视频和页面视频两类，下面分别对这两类视频进行详细介绍。

1. 主图视频

主图视频主要应用在商品详情页中的主图位置，用于展示商品的特点和卖点。在制作该视频时，建议时长为 5 ～ 60 秒，建议宽高比为 16:9、1:1、3:4，建议尺寸为 750 像素 ×1000 像素，如图 12-27 所示。

图 12-27

2. 页面视频

该视频主要应用在店铺首页或商品详情页中的详情位置，常用于品牌介绍或展示商品的使用方法与商品的使用效果。在制作该视频时，建议时长不要超过 10 分钟，且建议尺寸为 1920 像素 ×720 像素，如图 12-28 所示。

图 12-28

↘ 12.2.2　Premiere Pro CC软件的基本操作

本节将详细介绍项目文件的处理，如新建项目文件、打开现有项目文件；对象的操作，如素材的导入、移动、删除和对齐等。这些基本操作对于后期的视频制作至关重要。

1. 项目文件的基本操作

在启动 Premiere Pro CC 2019 开始进行视频制作时，必须首先创建新的项目文件或打开已存在的项目文件，这是 Premiere Pro CC 2019 最基本的操作之一。

（1）新建项目文件。

① 选择"开始 > 所有程序 > Adobe Premiere Pro CC 2019"命令，或双击桌面上的 Adobe Premiere Pro CC 2019 快捷图标，打开软件。

② 选择"文件 > 新建 > 项目"命令，或按 Ctrl+Alt+N 组合键，弹出"新建项目"对话框，如图 12-29 所示。在"名称"选项的文本框中设置项目名称。单击"位置"选项右侧的 浏览 按钮，在弹出的对话框中选择项目文件保存路径。在"常规"选项卡中设置视频渲染和回放、视频、音频及捕捉格式等。在"暂存盘"选项卡中设置捕捉的视频、视频预览、音频预览、项目自动保存等的暂存路径，在"收录设置"选项卡中设置收录选项。单击"确定"按钮，即可创建一个新的项目文件。

③ 选择"文件 > 新建 > 序列"命令，或按 Ctrl+N 组合键，弹出"新建序列"对话框，如图 12-30 所示，在"序列预设"选项卡中选择项目文件格式，如"DV-PAL"制式下的"标准 48kHz"，在右侧的"预设描述"选项区域中将显示相应的项目信息。在"设置"选项卡中可以设置编辑模式、时基、视频帧大小、像素长宽比、音频采样率等信息。在"轨道"选项卡中可以设置视音频轨道的相关信息。"VR 视频"选项卡中可以设置 VR 属性。单击"确定"按钮，即可创建一个新的序列。

图 12-29

图 12-30

（2）打开项目文件。打开项目文件的方法有以下两种。

① 选择"文件 > 打开项目"命令，或按 Ctrl+O 组合键，在弹出的对话框中，单击"打开"按钮，即可打开已选择的项目文件，如图 12-31 所示。

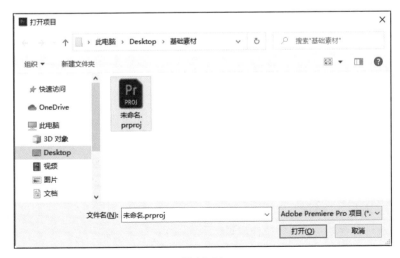

图 12-31

② 选择"文件 > 打开最近使用的内容"命令，在其子菜单中选择需要打开的项目文件，如图 12-32 所示。

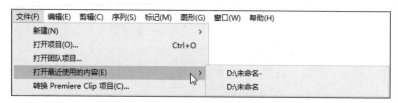

图 12-32

（3）保存项目文件。刚启动 Premiere Pro CC 2019 软件时，系统会提示用户先保存一个设置好参数的项目文件，因此，对于编辑过的项目文件，直接选择"文件 > 保存"命令或按 Ctrl+S 组合键，即可直接保存。另外，系统还会隔一段时间自动保存一次项目文件。

选择"文件 > 另存为"命令（或按 Ctrl+Shift+S 组合键），或者选择"文件 > 保存副本"命令（或按 Ctrl+Alt+S 组合键），弹出"保存项目"对话框，设置完成后，单击"保存"按钮，即可保存项目文件的副本。

（4）关闭项目文件。选择"文件 > 关闭项目"命令，即可关闭当前项目文件。如果对当前文件进行了修改却尚未保存，系统将会弹出提示对话框，询问是否要保存对该项目文件所做的修改，如图 12-33 所示。单击"是"按钮，保存项目文件；单击"否"按钮，则不保存并直接退出项目文件。

图 12-33

2. 撤销与恢复操作

通常情况下，一个完整的项目需要经过反复地调整、修改与比较才能完成，因此，Premiere Pro CC 2019 为用户提供了"撤消"与"重做"命令。

在编辑视频或音频时，如果用户的上一步操作是错误的，或对操作得到的效果不满意，选择"编辑 > 撤消"命令即可撤消该操作，如果连续选择此命令，则可连续撤消前面的多步操作。

如果要取消撤消操作，可选择"编辑 > 重做"命令。例如，删除一个素材，通过"撤消"命令来撤消操作后，如果还想将这些素材片段删除，选择"编辑 > 重做"命令即可。

3. 设置自动保存

设置自动保存功能的具体操作步骤如下。

（1）选择"编辑 > 首选项 > 自动保存"命令，弹出"首选项"对话框，如图 12-34 所示。

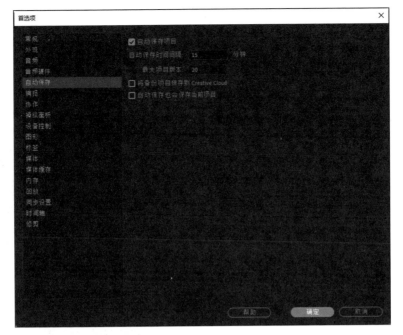

图 12-34

（2）在"首选项"对话框的"自动保存"选项区域中，根据需要设置"自动保存时间间隔"及"最大项目版本"的数值，如在"自动保存时间间隔"文本框中输入 20，在"最大项目版本"文本框中输入 5，即表示每隔 20 分钟系统将自动保存一次，而且只存储最后 5 次存盘的项目文件。

（3）设置完成后，单击"确定"按钮退出对话框，返回工作界面。这样，在以后的项目文件编辑过程中，系统会按照设置的参数自动保存文件，用户不必担心由于意外而造成工作数据的丢失。

4．导入素材

Premiere Pro CC 2019 支持主流视频、音频及图像文件格式，导入方式为选择"文件 > 导入"命令，在"导入"对话框中选择所需要的文件格式和文件即可，如图 12-35 所示。

（1）导入图层文件。以素材的方式导入图层文件的设置方法：选择"文件 > 导入"命令，在"导入"对话框中选择 Photoshop、Illustrator 等包含图层的文件格式，再选择需要导入的文件，单击"打开"按钮，会弹出"导入分层文件：02"提示对话框，如图 12-36 所示。

"导入分层文件"：用于设置 PSD 图层素材导入的方式，可选择"合并所有图层""合并图层""单层"或"序列"。

本例选择"序列"选项，如图 12-37 所示，单击"确定"按钮，在"项目"窗口中会自动生成一个文件夹，其中包括序列文件和图层素材，如图 12-38 所示。

图 12-35

图 12-36

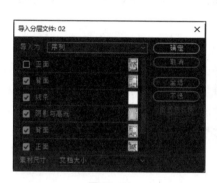

图 12-37

图 12-38

以序列的方式导入图层后，Premiere 会按照图层的排列方式自动产生一个序列，可以打开该序列设置动画，进行编辑。

（2）导入图片。序列文件是一种非常重要的源素材。它由若干幅按序排列的图片组成，用来记录活动影片，每幅图片代表 1 帧。通常，可以在 3ds Max、After Effects、Combustion 等软件中产生序列文件，然后再导入 Premiere Pro CC 2019 中使用。

序列文件按照数字序号进行排列。当导入序列文件时，应在"首选项"对话框中设置图片的帧速率，也可以在导入序列文件后，在"解释素材"对话框中改变帧速率。导入序列文件的方法如下。

① 在"项目"面板的空白区域双击，弹出"导入"对话框，找到序列文件所在的目录，勾选"图像序列"复选框，如图 12-39 所示。

② 单击"打开"按钮，导入素材。序列文件导入后的状态如图 12-40 所示。

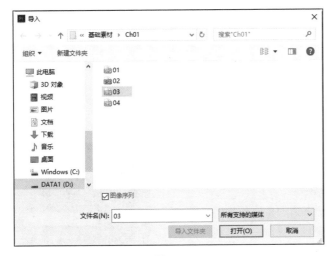

图 12-39   图 12-40

5. 解释素材

对于项目的素材文件，可以通过解释素材来修改其属性。在"项目"面板中的素材上单击鼠标右键，在弹出的快捷菜单中选择"修改 > 解释素材"命令，弹出"修改剪辑"对话框，如图 12-41 所示。

图 12-41

- "帧速率"选项：可以设置影片的帧速率。
- "像素长宽比"选项：可以设置使用文件的像素长宽比。
- "场序"选项：可以设置使用文件的场序。
- "Alpha 通道"选项：可以对素材的透明通道进行设置。
- "VR 属性"选项：可以设置文件中的投影、布局、捕捉视图等信息。

6. 改变素材名称

在"项目"面板中的素材上单击鼠标右键，在弹出的快捷菜单中选择"重命名"命令，素材会处于可编辑状态，输入新名称即可，如图 12-42 所示。

网店美工可以为素材重命名以改变它原来的名称，这在一部影片中重复使用一个素材或复制一个素材并为之设定新的入点和出点时极其有用。为素材重命名有助于在"项目"面板和序列中观看一个复制的素材时避免混淆。

图 12-42

7. 利用素材库组织素材

用户可以在"项目"面板建立一个素材库（即素材文件夹）来管理素材。使用素材文件夹，可以将节目中的素材分门别类、有条不紊地组织起来，这在组织包含大量素材的复杂节目时特别有用。

单击"项目"面板下方的"新建素材箱"按钮■，会自动创建新文件夹，如图 12-43 所示，单击此按钮可以返回上一层级素材列表，依次类推。

图 12-43

8. 查找素材

在 Premiere Pro CC 2019 的"项目"面板中可以根据素材名、属性或附属的说明和标签搜索素材，如可以查找所有文件格式相同的素材，如 *.avi 和 *.mp3 等。

单击"项目"面板下方的"查找"按钮，或单击鼠标右键，在弹出的快捷菜单中选择"查找"命令，弹出"查找"对话框，如图 12-44 所示。

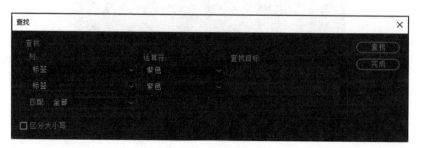

图 12-44

在"查找"对话框中选择查找的素材属性，可按照素材名、媒体类型和标签等属性进行查找。在"匹配"选项的下拉列表中，可以选择查找的关键字是全部匹配还是部分匹配，若勾选"区分大小写"复选框，则必须将关键字的大小写输入正确。

在"查找"对话框右侧的文本框中输入查找素材的属性关键字。例如，要查找图片文件，可选择查找的属性为"名称"，在文本框中输入"JPEG"或其他文件格式的后缀，然后单击"查找"按钮，系统会自动找到"项目"面板中的图片文件。如果"项目"面板中有多个图片文件，可再次单击"查找"按钮查找下一个图片文件。单击"完成"按钮，可退出"查找"对话框。

除查找"项目"面板的素材外，用户还可以将序列中的影片自动定位，找到其项目中的源素材。在"时间轴"面板中的素材上单击鼠标右键，在弹出的快捷菜单中选择"在项目中显示"，如图 12-45 所示，即可找到"项目"面板中的相应素材，如图 12-46 所示。

图 12-45　　　　　　　　　　　图 12-46

9. 离线素材

当打开一个项目文件时，系统若提示找不到源素材，如图 12-47 所示，这可能是源文件被改名或磁盘上的存放位置发生了变化造成的。此时可以直接在磁盘上找到源素材，然后单击"选择"按钮，也可以单击"脱机"按钮，建立离线文件代替源素材。

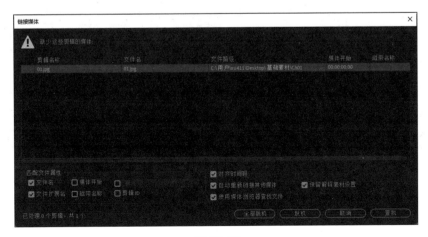

图 12-47

由于 Premiere Pro CC 2019 使用直接方式进行工作，因此如果磁盘上的源文件被删除或者移动，就会发生在项目中无法找到其磁盘源文件的情况。此时，可以建立一个离线文件。离线文件具有与其所替换的源文件相同的属性，可以对其进行与普通素材完全相同的操作。当找到所需文件后，可以使用该文件替换离线文件，以进行正常编辑。离线文件实际上起到一个占位符的作用，它可以暂时占据源素材文件所处的位置。

在"项目"面板中单击"新建项"按钮 ，在弹出的列表中选择"脱机文件"选项，弹出"新建脱机文件"对话框，如图 12-48 所示，设置相关参数后，单击"确定"按钮，弹出"脱机文件"对话框，如图 12-49 所示。

在"包含"选项的下拉列表中可以选择建立包含影像和声音的离线素材，或者仅包含其中一项的离线素材。在"音频格式"选项中设置音频的声道。在"磁带名称"选项的文本框中输入磁带卷标。在"文件名"选项的文本框中指定离线素材的名称。在"描述"选项的文本框中可以输入一些备注。在"场景"文本框中输入注释离线素材与源文件场景的关联信息。在"拍摄 / 获取"文本框中说明拍摄信息。在"记录注释"文本框中记录离线素材的日志信息。在"时间码"选项区域中可以指定离线素材的时间。

如果要以实际素材替换离线素材，则可以在"项目"面板中的离线素材上单击鼠标右键，在弹出的快捷菜单中选择"链接媒体"命令，在弹出的对话框中指定文件并进行替换。

图 12-48

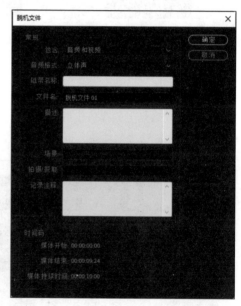

图 12-49

↘ 12.2.3 制作手冲咖啡演示视频

在设计制作手冲咖啡演示视频的过程中，我们围绕前期拍摄完成的手冲咖啡视频进行创意。将多段视频素材进行剪辑与组接，使画面更加和谐。添加转场效果，使视频衔接流畅自然。搭配解说文字和背景音乐，丰富画面的同时起到讲解的作用，增强了艺术性和观赏性。最终效果参考"云盘/Ch12/12.2.3 制作手冲咖啡教学视频/工程文件.prproj"，如图 12-50 所示，具体操作步骤如下。

图 12-50

1. 素材的导入

（1）启动 Premiere Pro CC 2019 软件，选择"文件>新建>项目"命令，弹出"新建项目"对话框，如图 12-51 所示，单击"确定"按钮，新建项目。选择"文件>新建>序列"命令，弹出"新建序列"对话框，单击"设置"选项卡，设置如图 12-52 所示，单击"确定"按钮新建序列。

微课视频

制作手冲咖啡演示
视频 1

图 12-51　　　　　　　　　　　图 12-52

（2）选择"文件 > 导入"命令，或按 Ctrl+I 组合键，弹出"导入"对话框，选择需要导入的文件，如图 12-53 所示。单击"打开"按钮，导入素材。序列文件导入后的状态如图 12-54 所示。

图 12-53

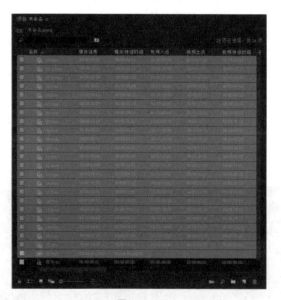

图 12-54

2. 素材的剪辑与组接

在 Premiere Pro CC 2019 中，可以在"时间线"面板中增加或删除帧来剪辑素材，以改变素材的长度。

（1）在"项目"面板中，选中"01"文件并将其拖曳到"时间线"面板中的"视频 1"轨道中，弹出"剪辑不匹配警告"对话框，

微课视频

制作手冲咖啡演示
视频 2

如图 12-55 所示。单击"保持现有设置"按钮，在保持现有序列设置的情况下将文件放置在"视频 1"轨道中，效果如图 12-56 所示。

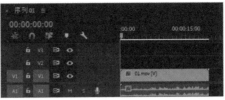

图 12-55　　　　　　　　　　　　　　　　　　图 12-56

（2）选中"时间线"面板中的"01"文件，如图 12-57 所示，单击鼠标右键，在弹出的菜单中选择"取消链接"命令，取消音频与视频的链接。选中"音频 1"轨道中的音频文件，按 Delete 键将其删除，效果如图 12-58 所示。

图 12-57　　　　　　　　　　　　　　　　　　图 12-58

（3）将时间标签放置在 05:00s 的位置上，如图 12-59 所示。将鼠标指针放在"01"文件的结束位置单击，显示编辑点。当鼠标指针呈 ◀ 形状时，向左拖曳指针到 05:00s 的位置，效果如图 12-60 所示。

图 12-59　　　　　　　　　　　　　　　　　　图 12-60

（4）选中"时间线"面板中的"01"文件，如图 12-61 所示。按 Ctrl+C 组合键，复制"01"文件。按 Ctrl+V 组合键，粘贴"01"文件，如图 12-62 所示。

图 12-61　　　　　　　　　　　　　　　　　　图 12-62

（5）使用相同的方法将其他素材拖曳到"时间线"面板中并进行剪辑，如图 12-63 所示。

图 12-63

（6）选中"时间线"面板中的"10.avi"素材。单击鼠标右键，在弹出的菜单中选择"速度/持续时间"命令，在弹出的"剪辑速度/持续时间"对话框中进行设置，如图 12-64 所示，效果如图 12-65 所示。

图 12-64

图 12-65

3. 添加特效与转场

（1）选择"效果"面板，展开"视频效果"特效分类选项，单击"风格化"文件夹前面的三角形按钮▶将其展开，选中"彩色浮雕"特效，如图 12-66 所示。将"浮雕"特效拖曳到"时间线"面板"视频 1"轨道中的"01"文件上。选择"效果控件"面板，展开"彩色浮雕"选项，将"起伏"选项设置为 3.00，其他选项的设置如图 12-67 所示。在"节目"面板中预览效果，如图 12-68 所示。

（2）选择"效果"面板，展开"视频过渡"特效分类选项，单击"3D 运动"文件夹前面的三角形按钮▶将其展开，选中"立方体旋转"特效，如图 12-69 所示。将"立方体旋转"特效拖曳到"时间线"面板"视频 1"轨道中的"01"文件的结束位置与"01"文件的开始位置，如图 12-70 所示。

微课视频

制作手冲咖啡演示
视频 3

图 12-66　　　　　　　　　图 12-67

图 12-68

图 12-69

图 12-70

（3）选择"效果"面板，展开"视频过渡"特效分类选项，单击"擦除"文件夹前面的三角形按钮▶将其展开，选中"双侧平推门"特效，如图 12-71 所示。将"双侧平推门"特效拖曳到"时间线"面板"视频 1"轨道中的"01"文件的结束位置与"02-1"文件的开始位置，如图 12-72 所示。

图 12-71 　　　　　　　　　　　　　　　　　图 12-72

（4）使用相同的方法为其他素材添加需要的转场效果，如图 12-73 所示。

图 12-73

4. 添加字幕与音频

（1）将时间标签放置在 36:00s 的位置上，选择"文件 > 新建 > 旧版标题"命令，弹出"新建字幕"对话框，如图 12-74 所示，单击"确定"按钮。选择"工具"面板中的"文字"工具▐T▐，在"字幕"面板中单击插入光标，输入需要的文字。在"旧版标题属性"面板中展开"变换"栏，选项的设置如图 12-75 所示。

微课视频

制作手冲咖啡演示
视频 4

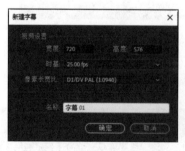

图 12-74 　　　　　　　　　　　　　　　图 12-75

（2）展开"属性"栏，选项的设置如图 12-76 所示。展开"填充"栏，将"颜色"选项设置为白色。展开"描边"栏，将"颜色"选项设置为黑色，其他选项的设置如图 12-77 所示，效果如图 12-78 所示。关闭"字幕"面板，新建的字幕文件自动保存到"项目"面板中。

图 12-76　　　　　　　　　　　　　　图 12-77

图 12-78

（3）在"项目"面板中，选中"字幕 01"文件并将其拖曳到"时间线"面板中的"视频 2"轨道中，如图 12-79 所示。将鼠标指针放在"字幕 01"文件的结束位置单击，显示编辑点。当鼠标指针呈 形状时，向左拖曳指针到适当的位置，效果如图 12-80 所示。

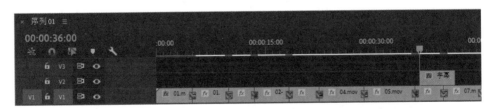

图 12-79

图 12-80

（4）使用相同的方法为其他素材添加需要的文字说明，效果如图 12-81 所示。

图 12-81

（5）在"项目"面板中，选中"22"文件并将其拖曳到"时间线"面板中的"音频 1"轨道中，如图 12-82 所示。将鼠标指针放在"22"文件的结束位置单击，显示编辑点。当鼠标指针呈◀状时，向左拖曳指针到"21"文件的结束位置，效果如图 12-83 所示。

图 12-82

图 12-83

（6）选中"时间线"面板中的"22"文件。选择"效果"面板，展开"音频效果"特效分类选项，选中"模拟延迟"特效，如图 12-84 所示。将"模拟延迟"特效拖曳到"时间线"面板"音频 1"轨道中的"22"文件上。在"效果控件"面板中进行设置，如图 12-85 所示。

图 12-84

图 12-85

5. 视频的输出

（1）选择"文件>导出>媒体"命令，弹出"导出设置"对话框。

（2）在"导出设置"菜单中勾选"与序列设置匹配"选项，在"输出名称"文本框中输入文件名并设置文件的保存路径，其他选项的设置如图 12-86 所示。

微课视频

制作手冲咖啡演示
视频 5

图 12-86

（3）设置完成后，单击"导出"按钮，输出 mpeg 格式影片。手冲咖啡演示视频制作完成。

12.3 网店视频上传

制作完成后的视频，只要符合电商平台相应的上传要求就可以上传至网店，用作商品主图或详情页广告的展示。下面分别从视频上传的要求和视频上传的方式两个方面进行网店视频上传的讲解，以帮助网店美工掌握网店视频的上传方法。

↘ 12.3.1 视频上传的要求

不同的电商平台对上传视频的要求会有细微差别，下面以淘宝为例对上传视频的具体要求进行详细讲解。

1. 视频的类目

目前，电商平台对于大多数商品类目都支持视频功能，网店美工要明确所在电商平台允许上传视频的类目，以避免出现制作好的视频无法上传的情况。

2. 视频的内容

视频不能有违反主流文化、反动政治题材和色情暴力等内容，不能有侵害他人合法权益和侵犯版权的视频片段；内容以品牌理念、制作工艺、商品展示为主。

3. 视频的大小、长度和格式

淘宝仅支持上传大小 300M 以内，时长 10 分钟以内的 wmv、avi、mpg、mpeg、3gp、mov、mp4、flv、f4v、m2t、mts、rmvb、vob、mkv 等格式的文件。

淘宝主图视频的视频建议时长为 30 ～ 60 秒，9 ～ 30 秒为最佳，建议宽高比为 16∶9、3∶4 或 1∶1，格式支持 .mp4；详情页广告视频建议时长不超过 120 秒，建议宽高比为 16∶9。

↘ 12.3.2　视频上传的方式

上传视频时，网店美工通常可以先将视频上传到电商平台的素材中心，再根据需要选择符合要求的视频进行展示，如图 12-87 所示。在淘宝素材中心，视频可以分为"无线视频"和"PC 视频"，分别针对无线端淘宝和 PC 端淘宝。选择对应的选项，单击页面右上角的"上传"按钮 ，在打开的对话框中选择需要上传的视频文件，即可将视频上传到素材中心。当需要在店铺中添加视频时，直接在素材中心选择已经上传的视频进行添加即可。

图 12-87

↘ 12.3.3　上传手冲咖啡演示视频

下面为上传手冲咖啡演示视频的方法，在上传视频前，我们需要合理控制视频时长，并调整视频尺寸，以确保上传成功，具体上传步骤如下。

（1）成功登录淘宝后，单击"千牛卖家中心"按钮，如图 12-88 所示。

微课视频

上传手冲咖啡演示视频

★收藏夹 ∨　商品分类　免费开店　千牛卖家中心 ∨　联系客服 ∨　☰ 网站导航

图 12-88

（2）进入"千牛"界面，单击"商品"选项卡，如图 12-89 所示，在"商品管理"
列表中单击"发布宝贝"选项，跳转到新的网页界面，如图 12-90 所示。

图 12-89

图 12-90

（3）按需要依次上传商品主图并确认商品类目，如图 12-91 所示。单击"下一步，完善商品信息"选项，跳转到新的网页界面，分别填写商品详细信息，如图 12-92 所示。

图 12-91

图 12-92

（4）将需要上传的咖啡视频分割成两段，保证每段视频时长小于60秒。在商品发布页面的"图文描述"区中单击"主图视频"右侧的区域，弹出图12-93所示的对话框，单击右上角的"上传视频"按钮。在弹出的"选择视频"选项卡中选择需要的视频，单击"打开"按钮，等待视频上传，并添加其他相关信息，如图12-94所示，单击"立即发布"按钮。

图12-93

图12-94

（5）关闭"选择视频"选项卡，并添加其他相关信息，如图12-95所示，单击"发布"按钮。

（6）在宝贝页面中查看主图视频效果，如图12-96所示。

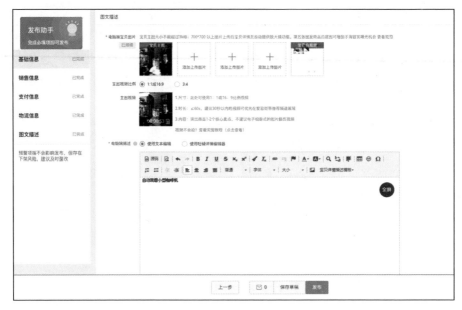

图 12-95

图 12-96

12.4 课堂实训——拍摄花艺活动宣传视频

1. 案例分析

本实训通过拍摄花艺活动宣传视频，明确当下花艺行业宣传视频的前期制作流程，并掌握宣传视频的拍摄方法。

2. 设计理念

在拍摄过程中，我们围绕花艺的制作过程进行，并掌握视频构图的原则与视频拍摄要求，提升画面感，效果如图 12-97 所示。最终素材参考"云盘 /Ch12/12.4 课堂实训——拍摄花艺活动宣传视频 / 素材"文件夹。

3. 知识要点

使用佳能 5DII、佳能 60D、标准镜头、备用电池、三脚架、SD 卡、笔记本电脑和反光板进行视频拍摄。

图 12-97

12.5　课后习题——制作花艺活动宣传视频

1. 案例分析

本习题通过制作花艺活动宣传视频，明确当下花艺行业宣传视频的后期风格并掌握宣传视频的后期处理要点与后期处理方法。

微课视频

制作花艺活动宣传视频 1

微课视频

制作花艺活动宣传视频 2

微课视频

制作花艺活动宣传视频 3

2. 设计理念

在设计过程中，我们围绕前期拍摄完成的花艺制作过程视频进行创意。将多段视频素材进行剪辑与拼接，使画面更加和谐。添加转场效果，使视频衔接流畅自然。搭配解说文字和背景音乐，丰富画面的同时起到讲解的作用，增强艺术性和观赏性。最终效果参考"云盘 /Ch12/12.5 课后习题制作花艺活动宣传视频 / 工程文件 . prproj"，如图 12-98 所示。

3. 知识要点

使用"导入"命令导入视频素材，使用文字工具输入字幕文字，使用矩形工具绘制形状，使用"视频效果"特效分类选项为文字添加特效，使用"视频过渡"特效分类选项为视频添加转场效果。

图 12-98